KB239785

내 몸에 꼭 맞는 다이어트
제 1 권

# 비만 원인

© 2013 박덕은

건강하게 장수하는 길 ❸

**내 몸에 꼭 맞는 다이어트** 제1권

# 비만원인

---

1판 1쇄 : 인쇄 2013년 4월 16일
1판 1쇄 : 발행 2013년 4월 19일

지은이 : 박덕은
펴낸이 : 서동영
펴낸곳 : 서영출판사

출판등록 : 2010년 11월 26일(제25100-2010-000011호)
주소 : 인천광역시 계양구 효성동 200-1 현대 404-103
전화 : 02-338-0117 팩스 : 02-338-7161
이메일 : sdy5608@hanmail.net

디자인 : 이원경

ⓒ2013박덕은 seo young printed in incheon korea
ISBN 978-89-97180-26-4 14590
ISBN 978-89-965513-5-5(set)

이 도서의 저작권은 저자와의 계약에 의하여 서영출판사에 있으며 일부
혹은 전체 내용을 무단 복사 전제하는 것은 저작권법에 저촉됩니다.
*잘못된 책은 구입하신 서점에서 바꾸어 드립니다.

내 몸에 꼭 맞는 다이어트
제 1 권

# 비만
# 원인

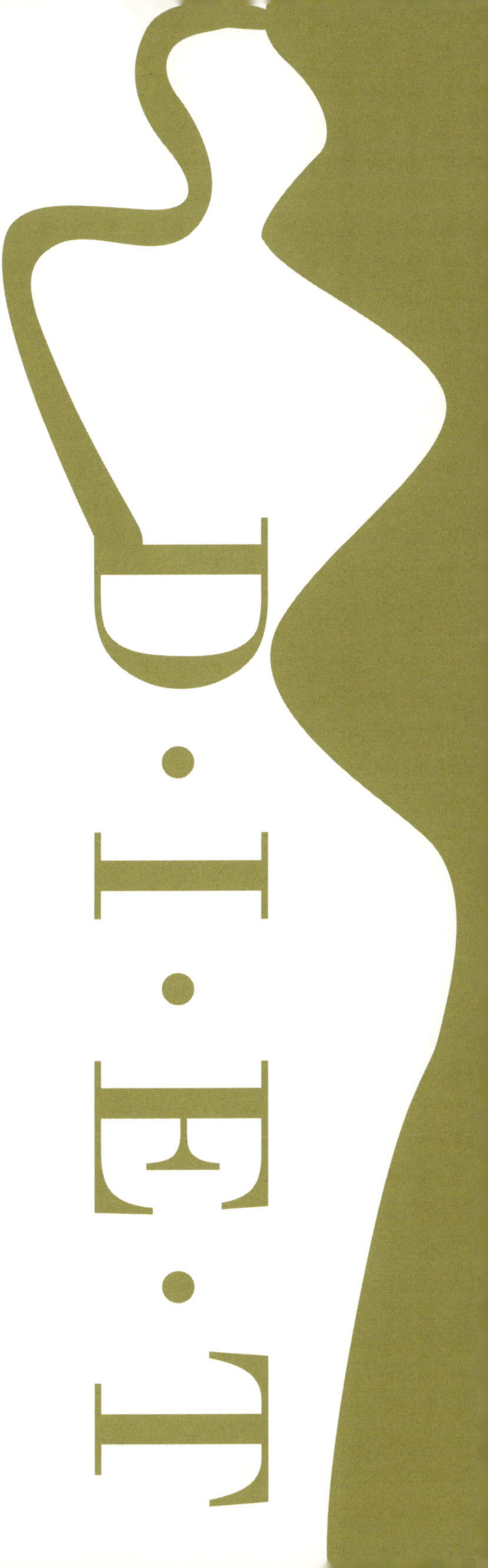

D·I·E·T

2013 · 서영

D · I · E · T

# 머리말

현대인들에게 당뇨병, 동맥경화, 심장병(심근경색증), 유방암, 대장암 등으로 인한 사망 원인이 크게 늘어나고 있다. 이런 변화는 생활 수준이 향상되면서 비만 인구가 크게 증가하고 있는 추세와 비례하고 있다.

비만은 체내에 지방이 과다하게 축적되어 있는 상태를 말한다. 즉, 비만은 인체 내에서 지방세포의 크기가 정상인의 것보다 훨씬 커져 신진대사에 장애를 일으킬 수 있는 질환이다(비만은 세계보건기구(WHO)에서 1996년부터 '질병'으로 규정했다).

비만의 진단은 체지방량을 정확히 측정해야 가능하다. 체지방을 측정하는 방법은 여러 가지가 있으나 그 방법이 복잡하고 특수한 장비를 필요로 하기도 한다.

비만을 언급할 때, 일반적으로 BMI라는 수치를 많이 사용한다. BMI(Body mass index)는 체질량 지수인데, 이렇게 계산한다.

BMI=현재 체중(kg)÷{신장(m)×2}

BMI 18.5~22.9이면 정상이고, BMI 23~24.9이면 과체중, BMI 25 이상이면 비만으로 진단한다.

일부에서는 BMI 18.5~24.9까지를 정상으로 보기도 한다.

이는 계산이 간편하면서 체지방량을 비교적 정확하게 반영한다는 장점이 있어 임상 연구에 널리 이용되고 있다.

가장 이상적인 체질량 지수는 20~22 정도다. 세계보건기구(WHO)에서는 체질량 지수 25 이상을 과체중, 30 이상을 비만으로 규정하고 있다. 서구인에 비해 체격이 상대적으로 작은 한국인의 경우 체질량 지수 23 이상을 과체중, 27 이상을 비만으로 보는 게 타당한 듯하다.

다른 방법으로는 실제 체중과 표준 체중을 비교하여 산출하는 방법이 있다.

비만도(%)={(현재 체중-표준 체중)÷표준 체중}×100

이때 표준 체중은 성별 및 체격에 있어서 사망률이 가장 낮은 체중을 말한다.

비만도가 120% 정도이면 비만, 120~140% 정도이면 경도 비만, 140% 이상이면 고도 비만으로 분류한다.

또 다른 방법으로는 체지방률을 측정해 보는 게 있다. 이는 체지방 측정기를 통해 측정이 가능하다.

남자는 12~18%, 여자는 18~23% 정도가 정상이다.

남자는 25% 이상, 여자는 32% 이상이면 비만으로 진단한다.

더 간단한 방법으로는 신장과 표준 체중으로 산출하는 방법이 있다.

표준 체중=(신장-100)×0.9

다른 간편한 방법으로는 허리 사이즈를 보면 된다.

남성의 경우 90cm(약 36인치) 이상, 여성은 85cm(약 34인치) 이상이면 복부비만으로 판정한다.

복부비만을 중요시하는 이유는 피하지방 말고도 내장지방이 쌓였다는 증거가 되기 때문이다. 내장지방의 경우 그저 지방으로만 존재하는 것이 아니라 일종의 호르몬으로 작용하여 건강에 매우 안 좋은 역할을 한다.

복부비만을 간단하게 진단하는 또 하나의 방법으로 허리둘레를 엉덩이 둘레로 나눈 값을 이용하기도 한다. 이는 배꼽 선에서 측정한 허리둘레를 최대 돌출부에서 측정한 엉덩이 둘레로 나누어 측정하는데, 측정 시 줄자의 압력이 일정하게 가해져야 한다.

WHR(Waist Hip Ratio)=허리둘레÷엉덩이 둘레

남성 0.9 이상, 여성 0.85 이상이면 복부비만으로 분류한다.

허리둘레가 엉덩이 둘레에 비해 복부지방량을 더 잘 반영한

다고 하여 그냥 허리둘레만으로 복부비만을 진단하기도 한다.

여성의 경우 78~80㎝ 이상, 남성의 경우 90~94㎝ 이상이면 복부 비만으로 판정한다.

허리둘레를 측정할 경우 피하지방과 내장지방이 함께 포함되므로, 합병증 발생을 보다 예민하게 반영하는 내장지방형 복부 비만을 진단하기 위해 체지방 컴퓨터단층촬영(CT)을 이용하기도 한다.

비만을 체형에 따라 분류하면 지방이 주로 복부에 많이 분포해 있는 '사과형 비만(복부비만, 남성형 비만)'과 엉덩이와 허벅지에 지방이 많은 '서양배형 비만(하체비만, 여성형 비만)'으로 나눌 수 있다.

'사과형 비만'이 '서양배형 비만'에 비해 당뇨병, 심장병, 뇌졸중, 고혈압, 고지혈증 발병 위험이 훨씬 높다.

자, 이쯤해서 이 글을 읽고 있는 여러분은 자기 자신이 비만인가 아닌가, 비만이면 어느 형의 비만인지 알게 되었으리라 본다. 그렇다면, 비만 원인을 알아보고, 비만 탈출의 길도 찾아보는 게 좋지 않을까. 좀더 건강하게 좀더 장수하는 삶을 원한다면…….

남성은 여분의 지방을 복부에 저장하려는 경향이 강해서 살이 찌면 아랫배부터 나오는 반면, 여성은 지방을 몸 아래쪽에 저장하려는 경향이 강해서 폐경 이전에는 여성 호르몬의 영향으로 여분의 지방이 주로 둔부와 허벅지, 아랫배, 유방에 쌓이다가, 폐경 이후 여성 호르몬의 보호 효과가 사라지면서 지방이 주로 복부에 축적되어 복부비만을 유도한다.

둔부나 허벅지 부위에 있는 지방은 주로 피하에 저장되는 반면, 복부에 있는 지방은 몸 안쪽 깊숙이 저장된다. 배가 나온 복부 비만 환자들 중에는 피하지방이 주로 많은 '피하지방형'과 복강 안쪽 내장 사이사이에 존재하는 내장지방이 상대적으로 더 많은 '내장지방형'이 있다.

내장지방은 지방산을 더 많이 분비하여 혈중 콜레스테롤과 중성지방 수치를 올리며, 체내 인슐린 활동을 방해하여 당뇨병 위험이 그만큼 증가할 수 있다.

지방세포는 여분의 칼로리를 저장하는 저장 탱크일 뿐 아니라 장기를 보호하는 쿠션 역할과 추위를 막아주는 보온 역할, 필요할 때 사용하기 위해 여분의 에너지를 저장하는 능력을 지니고 있어서 긍정적인 면도 있다.

체내 지방세포의 발달은 아주 세밀하게 잘 조화를 이루고 있어 세포의 숫자(성인의 경우 평균 300~400억 개)는 잘 조절되고 있다.

출생한 지 처음 6개월 동안 지방세포 숫자는 계속 증가한다. 이 속도는 아동기가 되면서 느려지는데 만들어진 세포의 전체 숫자는 유전적, 그리고 환경적인 영향에 좌우된다. 사춘기에 이르면 지방세포의 숫자가 다시 크게 증가하는데 남성보다는 여성에게서 더 두드러진다. 몸의 지방세포는 성인이 될 때까지 거의 대부분 만들어져 축적된다.

이후의 체중 증가는 일반적으로 지방세포의 수가 증가하는 것이 아니라 단지 크기만 증가할 뿐이다. 물론 아주 심한 비만증의 경우에는 지방세포의 숫자가 증가하기도 한다.

지방세포는 작아지기는 해도 아주 없어지지는 않는다. 지방은 빠질지라도 지방세포는 전혀 줄지 않는다. 근육이나 장기의 손실이 있을지라도 거의 사망 직전까지 지방세포의 크기만 줄었지 숫자는 변동이 없다. 지방세포는 자기 자신을 열심히 지키도록 프로그램 되어 있다고 봐야 한다.

따라서 인간의 신체는 자기 체중이나 체내 지방량에 대해 이미 정해진 '기준점'을 갖고 있다. 이 '기준점'은 단기간에 쉽게 바뀌지 않는다. 그래서 다이어트는 어려운 것이다. 다이어트를 멈추면 곧바로 체중이 왜 느는지 우리는 알아야 한다.

비만 원인으로는 유전적 · 사회 환경적 · 심리적 원인, 기초대사량의 저하에 따른 원인, 그리고 운동 부족과 잘못된 식습관 등이 있지만, 어느 것 하나로 단정 지을 수는 없다. 이외에도 여러 비만 원인들이 있으리라 본다.

비만 원인에 대한 학자들의 연구는 다각도로 진행되어 왔다. 지금까지의 연구 결과를 식생활에서 오는 요인, 질병과 약에서 오는 요인, 일상생활에서 오는 요인, 주변 환경에서 오는 요인, 미생물에서 오는 요인, 기타 요인 순으로 나눠 〈내 몸에 꼭 맞는 다이어트: 제1권 비만 원인〉에 알뜰하게 정리해 놓았다. 이를 참고로 하여 자기 자신에게 해당하는 비만 원인을 하나하나 제거하기를 바란다.

〈내 몸에 꼭 맞는 다이어트: 제2권 비만 탈출〉에서는 그동안 학자들이 쌓아 놓은 연구 결과를 토대로 비만에서 탈출할 수 있는 길을 찾아보았다.

식생활에서 비만 탈출, 일상생활에서 비만 탈출 순으로 산뜻하게 정리해 놓았다.

무심코 지나치지 말고 진지하게 읽어 보고 탐구해서 마지막 숨을 거두는 순간까지 건강하고도 행복하게 즐겁고도 알차게 삶을 꾸려 나갔으면 좋겠다. 자기 자신을 위해서, 사랑하는 이들과 아름다운 여생을 위해서.

– 건강하고도 행복하게 즐겁고도 알차게 100세까지 살고 싶은
박덕은

## 2장 질병과 약에서 오는 요인

## 3장 일상생활에서 오는 요인

D·I·E·T

# 1장

# 식생활에서 오는 요인

# 01
# 정크 푸드를 먹으면

닐 스틱랜드 교수가 이끄는 영국 로얄 수의과대학 연구팀은 암컷 쥐를 두 그룹으로 나눠 관찰했다. 한 그룹은 새끼쥐들이 임신 때부터 젖을 뗄 때까지 도넛, 비스킷, 머핀 등 정크 푸드(칼로리는 높지만 영양가 없고 건강에 좋지 않은 패스트푸드와 인스턴트식품)를 먹게 했고, 다른 그룹은 맛은 없지만 영양가 높은 건강식을 먹게 했다. 그런 뒤 새끼쥐들을 세 그룹으로 나눠 식사량과 습관을 조사했다. 건강식을 먹은 쥐들이 낳은 새끼를 두 그룹으로 나눠 A그룹에겐 건강식만, B그룹엔 건강식과 정크 푸드를 함께 줬다. 정크 푸드를 먹은 쥐들이 낳은 새끼쥐들에게도(C그룹) 건강식과 정크 푸드를 혼합한 먹이를 줬다.

이 연구 결과는 〈영국 영양지〉(2007년 8월호)에 발표되었다.

1) 어린 쥐의 식습관이 임신 중 엄마 쥐의 식습관과 비슷하게 나타났다.

2) A그룹 쥐들이 가장 적은 양의 먹이를 먹었고, B그룹 쥐는 A그룹보다 조금 더 많은 먹이를 먹었다.

3) 먹이 섭취량이 가장 많은 쥐는 C그룹이었는데, A그룹의 2배를 먹어치웠고 B그룹이 9일 동안 먹을 양을 7일 만에 먹었다.

4) 임산부의 식습관이 태아의 뇌 발달에 영향을 줘 자궁 속에서부터 식습관이 학습되는 것 같다.

5) 여성이 아이를 임신했을 때나 수유 기간에 정크 푸드(junk food)를 먹으면 아이도 정크 푸드를 좋아하게 된다.

6) 임산부의 잘못된 식습관은 잠재적으로 아이들의 건강에 위험을 줄 수 있다.

7) 유년 시절 정크 푸드를 즐기는 식습관이 성인이 된 후 비만과 심장질환 위험을 높인다.

플로리다 스크립 연구소 폴 죤슨 박사와 공동 논문 저자인 케니 죤슨 박사가 이끄는 미국 신경과학자 연구팀은 쥐를 대상으로 실험을 했다. 실험용 쥐가 느끼는 쾌락의 정도는 쳇바퀴를 달리는 것으로 측정했다. 쾌락을 유도하는 뇌 부분인 보상계(쾌락 중추)를 자극하면 쥐는 쳇바퀴를 달리게 된다. 쾌락 중추가 자극을 많이 받을수록 쥐는 쳇바퀴를 더 많이 달렸다.

이번 실험에서는 소시지, 폰즈 케익, 베이컨, 치즈 케익 등 고지방, 고칼로리의 음식들을 이용했다. A그룹의 실험용 쥐에게는 고영양, 저칼로리 음식의 양을 조절하며 제공했고, B그룹의 실험용 쥐에게는 정크 푸드를 무제한 제공했다.

이 연구 결과는 연례 신경과학학회에서 2009년 10월 20일 발표되었으며, 미국 과학 웹진 〈사이언스 뉴스〉와 영국 〈텔레그라프지〉 온라인판 등에 2009년 10월 28일 보도되었다.

1) 정크 푸드가 헤로인에 중독된 쥐와 유사한 중독 행동을 일으키는 것으로 나타났다.

2) 마약이 뇌의 쾌락 중추를 중독시켜 점차 그 양을 늘려야만 효과를 볼 수 있는 것처럼 고지방, 고칼로리의 정크 푸드도 뇌의 쾌락 중추를 중독시켰다.

3) 정크 푸드에 중독된 실험용 쥐들은 쾌락 중추의 자극을 위해 점점 더 많은 정크 푸드를 먹었다.

4) 정크 푸드를 먹은 쥐들은 더 많이 쳇바퀴를 달렸다. 이 실험용 쥐들은 5일이 지났을 때 쳇바퀴를 달리는 양이 급격하게 줄어들었으며 이것은 쾌락 중추가 덜 민감해졌다는 것을 의미했다.

5) 실험용 쥐들이 정크 푸드에 중독되었는지를 측정하기 위해 정크 푸드를 먹고 있는 쥐의 다리에 전기 충격을 주는 실험을 했다. 정크 푸드를 지속적으로 먹지 않던 쥐들은 전기 충격을 받는 즉각 먹는 것을 멈췄다. 반면 지속적으로 정크 푸드를 먹어왔던 쥐들은 전기충격이 가해졌음에도 먹는 것을 멈추지 않았다.

6) 정크 푸드에 대한 중독성은 쥐에게 먹는 것을 중단시킨 후에도 2주 동안 지속되는 것으로 나타났다. 그동안 실험용 쥐들은 정크 푸드를 제외한 다른 음식들을 먹으려 하지 않았다.

7) 마약 중독과 비만이 신경생물학적인 공통점이 있다는 것을 보여 주었다.

8) 이 연구는 사람들의 과식을 유도하는 뇌의 변화를 설명하는 데 도움이 될 수도 있

을 것이다.

　9) 이 연구는 지방과 설탕이 많이 들어간 정크 푸드가 건강에 얼마나 위험할 수 있는지를 시사해 주는 실험 중 하나였다.


폴 케니 박사가 이끄는 미국 스크립스 연구소 연구팀은 실험용 쥐를 두 그룹으로 나눠 관찰했다. 한 그룹은 베이컨, 파운드케이크 등 칼로리가 높은 정크 푸드 음식을 먹게 했고 또 다른 그룹은 균형 잡힌 식단만을 주면서, 살이 찌면 쥐에게 징계의 메시지로 일정 수준의 전기 충격을 줬다.

이에 대한 실험 결과는 2010년 3월 28일 〈네이처 뉴로사이언스(Nature Neuroscience)〉 온라인판에 발표되었으며, 2010년 3월 28일 미국 건강 웹진 〈헬스데이〉에 보도되었다.

1) 정크 푸드 같은 기름진 음식은 먹으면 먹을수록 약물 중독의 반응과 비슷했다.

2) 정크 푸드를 먹은 쥐는 체중이 빠르게 증가했다.

3) 정크 푸드를 먹은 쥐들은 전기 충격을 받게 된다는 것을 알면서도 식욕을 참지 못했다.

4) 균형 잡힌 식단을 먹은 쥐는 체중이 크게 늘지 않았으며 먹는 충동을 멈출 수도 있었다.

5) 비만인 쥐에게서 정크 푸드를 빼앗고 건강한 먹이로 대체하자, 비만 쥐는 맛있는 정크 푸드를 찾느라 건강 식단을 2주 동안이나 외면했다.

6) 이는 포만감을 느끼게 하는 뇌의 보상 체계에 변화가 생겼기 때문으로 분석되었다.

7) 비만 쥐의 뇌를 관찰했을 때 중독과 관계된 유전자인 도파민D2 수용체가 줄어든 것으로 나타났는데, 이는 코카인이나 헤로인 같은 약물에 중독되었을 때 나타나는 현상이었다.

8) 뇌의 보상 체계 작동이 변하는 것은 약물 중독의 특징인데, 정크 푸드 중독에서 정상으로 돌아가는 방법은 식단을 조절해 살을 빼고 정크 푸드를 먹지 않는 것뿐이다.


테렌스 윌킨 교수가 이끄는 영국 플리머스대 의학대학 연구팀은 플리머스에 사는 200명의 어린이를 대상으로 운동과 비만의 관계, 먹는 음식과 비만의 관계를 3년 동안 조사했다.

이 연구 결과는 '아동 질환 기록(Archives of Disease in Childhood)'

에 실렸으며 영국 일간지 〈데일리메일〉, 〈텔레그래프〉, 공영 방송 〈BBC〉 등에 2010년 7월 8일 보도되었다.

1) '운동을 하지 않아서 뚱뚱해진다'보다는 오히려 뚱뚱하니까 운동을 안 하게 된다.

2) 운동이 비만의 직접적인 원인이 아니라 오히려 칼로리만 과도하게 높은 정크 푸드 (junk food)가 비만의 더 큰 원인이었다.

3) 운동을 열심히 하는 아이일수록 살이 덜 찌기는 했지만 그들이 즐겨 먹는 고칼로리 패스트푸드가 살을 찌게 하는 데는 영향력이 더 컸다.

4) 오히려 뚱뚱한 아이들은 운동 능력이 떨어지고 우스꽝스러운 자세로 운동하는 것을 친구들이 흉볼까 두려워했다.

5) 뚱뚱한 아이들은 자기 몸을 창피하게 여겨 밖에 나가는 것을 피하는 경향이 있었고 이런 마음 때문에 운동 시간은 더욱 줄어들 수밖에 없었다.

6) 운동 부족이어서 비만이 된다기보다 비만이 거꾸로 운동 부족의 원인이 되었다.

7) 이 연구 결과는 국가 보건 정책에 중요한 참고가 될 것이다. 즉, 어린이들이 어릴 때부터 운동도 해야겠지만 먼저 균형 잡힌 식생활을 할 수 있도록 정책적인 관심을 쏟아야 한다.

8) 부모가 뚱뚱할수록 아이도 비만이 될 확률이 높은 것으로 나타났다.

9) 부자지간 또는 모녀지간에 이런 일치 현상이 나타났는데 엄마가 뚱뚱하면 딸도 비만을 겪을 확률이 다른 사람보다 10배나 높았다.

이와 관련하여 국립비만포럼에 참석한 데이빗 하슬람 박사의 한마디.

"이번 연구 결과를 의미 있게 받아들이지만 그렇다고 운동의 필요성을 가볍게 여겨선 안 된다. 뚱뚱한 어린이가 게을러지지 않도록 어른들이 노력해야 한다."

**박덕은 박사의 건강 상식 · 1**
정크 푸드 중독에서 정상으로 돌아가는 방법은 균형 있는 식생활을 하여 살을 빼고 정크 푸드를 먹지 않는 것뿐이다.

# 02
# 패스트푸드를 먹으면

을지대 대학병원 소아과 강주형 교수의 한마디.

"과거에는 유전적 요인에 의한 비만이 상당 부분 차지했지만 최근에는 환경적 요인에 의한 비만이 늘어나고 있다. 어린이 비만은 밖에서 뛰어노는 시간보다 실내에서 컴퓨터 게임이나 TV를 시청하는 시간이 많아져 운동량은 줄어든 반면 햄, 피자, 치킨 등 열량이 높은 음식의 섭취가 늘어난 생활 환경의 변화에서 주된 원인을 찾아볼 수 있다. 즉 소비 에너지보다 섭취 에너지가 많아졌기 때문에 남는 칼로리가 지방조직에 축적되어 비만을 불러일으키는 것이다. 특히 요즘은 맞벌이 부부가 늘면서 패스트푸드로 저녁 식사를 대신하거나, 불규칙적인 식사 시간을 갖는 가족이 많아지면서 비만이 늘고 있다."

**박덕은 박사의 건강 상식 · 2**
열량이 높은 음식의 섭취를 줄이고 꾸준히 운동을 하며 규칙적인 식사를 해야 한다.

# 03
# 과자를 먹으면

미국 퍼듀 대학 리차드 매츠 교수(영양학 전공)는 〈의료 영양(Clinical Nutrition)〉 저널에 다음과 같은 내용을 2009년에 발표했다.

1) 1977~2006년 30년 사이에 미국인들이 평균 과자에서 얻는 열량은 하루 360kcal에서 580kcal로 높아졌다.
2) 여기에다 미국인들은 설탕음료를 통한 섭취 칼로리가 많아졌다.
3) 1965년 고칼로리 음료를 인구의 41%만 매일 마셨지만 2004년에는 67%가 매일 마셨다.

리차드 매츠 교수의 발표 내용을 지지하는 노스캐롤라이나 대학 영양학 교수 배리 팜킨 박사의 한마디.

1) 30~40년 전에는 하루에 한 번 어린이는 과자를 먹고 어른은 커피나 차를 마셨다.
2) 지금은 소금기 있는 과자, 단 음료와 높은 열량의 음식들을 지나치게 섭취함으로써 유행병 같은 비만과 당뇨병이 확산되고 있다.
3) 우리는 과자를 줄여야 하는데 그렇지 못하면 설탕음료 대신 물이나 무설탕 커피 또는 차를 마시거나 과일이나 채소와 같이 먹으면 된다.
4) 식품 제조 회사들이 워낙 마케팅을 심하게 해 배가 안 고파도 어쨌든 먹는 시대를 살고 있다.

미국 퍼듀 대학 리차드 매츠 교수는 다음과 같은 연구 결과를 2011년 6월 27일 미국 시카고에서 개최한 '음식 기술학자 연구소 회의'에서 발표했다.

1) 미국인들은 1970년대와 다름없이 하루 세끼를 통해서 같은 양을 먹고 있으나 과자를 통해 하루 평균 580kcal를 섭취하고 있다. 이 정도 열량이면 '하루 네 끼'라고 할 만하다.

2) 하루 중에 과자 먹는 시간이 늘었고, 칼로리 음료를 매일 빼놓지 않고 먹는 경우도 늘었으며 하루 열량 가운데 절반은 매끼 식사에서, 나머지 절반은 각종 음료에서 얻는 패턴이 자연스런 시대가 되었다.

3) 과자를 먹는 것은 우리가 식사에서 얻는 영양소를 더 풍부하게 해주지만 과도한 칼로리를 섭취하면 비만에 빠지게 된다.

## 박덕은 박사의 건강 상식 · 3

과자 대신 물이나 차를 마시거나 과일이나 채소를 먹자. 특히 식물의 열매나 씨앗을 먹자.

# 04

# 탄산음료를 마시면

　탄산음료는 소아 및 청소년 비만 원인으로 꼽혀, 미국 음료협회에서는 전국 초등학교 자판기에서 콜라와 사이다 등 과당음료(탄산음료나 비타민음료 등 설탕이 함유된 음료)를 판매하지 않도록 하는 내용의 권고안을 발표한 적이 있다.

　한국에서도 2006년 국가청소년위원회 보고서에서 청소년 비만의 주요 원인이 당음료라는 지적이 있었다. 연구 기간 중에도 당음료를 통한 하루 칼로리 섭취량은 242kcal에서 270kcal로 증가했으며, 가장 큰 증가를 보인 연령대는 6~11세로 약 20%의 증가율을 보였다. 또한 55~70%가 집에서, 7~15%가 학교에서 당음료를 마신 것으로 나타났다.

　라마찬드란 바산 교수가 이끄는 미국 보스턴대 의과대학 연구팀은 건강하며 대사증후군(고중성지방혈증, 고혈압 및 당뇨병을 비롯한 당 대사 이상 등 각종 성인병이 복부비만과 함께 동시 다발적으로 나타나는 상태) 증상이 없는 6,000여 명을 4년간 조사했다. 이 연구 결과는 〈순환지〉(2007년 8월호)에 발표되었다.

1) 하루 한 잔 이상의 다이어트 탄산음료를 마신 사람은 마시지 않은 사람보다 대사증후군 발생이 44% 높았다.
2) 특히 뚱뚱해질 위험 31%, 허리둘레가 두꺼워질 위험 30%, 혈당과 중성지방을 높일 위험 25%, 몸에 좋은 콜레스테롤(HDL-C)을 낮출 위험이 32% 높아진 것으로 관찰

되었다.

3) 다이어트 탄산음료도 심장질환을 일으키는 다양한 위험 인자에 악영향을 준다.

4) 다이어트 탄산음료와 대사증후군의 관계를 확실히 밝힐 순 없지만 연관성이 있다는
점을 확인했다.

## 미국 심장폐혈액학회 엘리자베스 네이블 박사도 한마디.

1) 탄산음료에 들어있는 여분의 칼로리와 설탕은 몸무게를 늘리고 결국 심장질환 위험
을 높인다.

2) 보스턴대 의과대학 연구팀의 이번 연구는 칼로리와 당분이 없다고 표방한 탄산음료도
대사증후군과 연관이 있다는 걸 보여줬다.

클레어 왕 교수가 이끄는 미국 컬럼비아 대학 연구팀은 1988~1994
년과 1999~2004년 '국민건강영양조사 연구'에 참여한 2~19세 소아와
청소년 9,882명과 10,962명을 대상으로 당음료 섭취로 얻는 칼로리량
을 조사 분석했다. 이 연구 결과는 〈소아과학회지(Pediatrics)〉(2008년 6
월호)에 게재되었고, 미국 온라인 과학 뉴스 〈사이언스 데일리〉, 건강
웹진 〈헬스데이〉 등에 2008년 6월 2일 보도되었다.

1) 미국 어린이들이 설탕 등을 넣어 단맛을 내는 음료와 100% 과일주스 등 당음료를 계
속 많이 마시고 있어 비만과 영양 불균형 문제가 생길 수 있다.

2) 당음료를 통한 하루 칼로리 섭취량은 전체 칼로리 섭취량의 약 15%를 차지하고 있고,
이 비율은 계속 증가하는 추세다.

3) 부모, 학교 관계자, 정책 입안자와 음료 산업 관계자 모두 당음료 소비를 줄이는 데 힘
을 합쳐야 한다.

## 미국 하버드 대학 스티븐 고트메이커 박사의 한마디.

1) 부모들은 과일주스나 스포츠음료가 건강에 필요한 음료수라고 생각하는 경향이 있지
만 사실은 설탕물에 불과하다.

2) 당음료는 건강에 그다지 도움을 주지 못한다.

미국 캘리포니아 주립대학 로스앤젤레스 캠퍼스(UCLA)의 건강 정책연구센터 해럴드 골드스타인 박사는 미국인 4만여 명을 인터뷰하여 분석한 내용을 발표했다. 이는 미국 일간지 〈뉴욕타임스〉, 〈LA 데일리 뉴스〉 온라인판 등에 2009년 9월에 보도되었다.

1) 매일 탄산음료를 마시는 사람은 마시지 않는 사람에 비해 과체중이 될 위험이 1.27배 높다.
2) 음료수는 물처럼 쉽게 마실 수 있어 과자, 아이스크림 같은 고열량 음식보다 덜 경계를 받지만 실제로 음료수는 살을 찌우는 데 크게 기여한다.
3) 지난 30년 동안 미국인의 육체 활동량은 그대로지만 먹는 칼로리는 평균 278kcal로 늘었으며 이 중 43%는 탄산음료 소비의 증가 때문이다.
4) 어른의 탄산음료 소비도 문제지만 어린이와 청소년의 탄산음료 섭취가 더 큰 문제다.
5) 2~11세 어린이의 41%, 12~17세 청소년의 62%가 매일 탄산음료를 마시는 것으로 조사되었는데, 탄산음료를 통해 미국 청소년들은 매년 약 17kg의 설탕을 먹고 있었다.
6) 탄산음료를 물처럼 마시지만 560ℓ 짜리 탄산음료 한 병에는 티스푼 17개 분량의 설탕이 들어 있다.


미국의 건강정책연구센터 수잔 바베이 연구원의 한마디.

"탄산음료는 값싸고 달콤해 10대들에게 거부할 수 없는 유혹이다. TV 광고를 통해 '쿨'한 것으로 선전되는 탄산음료는 전혀 쿨하지 않다."


개빈 뉴섬 샌프란시스코 시장도 한마디.

"아동과 청소년의 비만을 줄이기 위해 소매점에서 판매되는 탄산음료에 판매 수수료를 부과하는 법안을 2009년 가을에 제출하겠다. 몸에 해로운 음료수를 청소년에게 팔아 건강을 악화시키는 만큼 상점과 제조업체는 응분의 책임을 져야 한다."


**참조:** 마날 압델마렉 박사가 이끄는 미국 듀크대 대학병원 연구

팀은 비알코올성 간질환이 있는 성인 427명의 의료 자료를 분석하고 식습관에 대한 설문 조사를 실시했다. 이 연구 결과는 미국간질환 연구 학회지 〈헤파톨로지(Hepatology)〉(2010년 3월호)에 발표되었으며, 미국 건강 웹진 〈피스오그닷컴〉, 〈헬스데이〉 등에 2010년 3월 19일 보도되었다.

1) 대상자 중에서 19%만이 단맛이 나는 음료를 아예 마시지 않았으며 29%는 매일 마셨다.
2) 액상과당(고과당 옥수수 시럽: 값이 싸고 단맛이 강해서 설탕 대신 청량음료를 비롯한 각종 음식에 첨가되고 있어, 비만의 주범으로 떠오르는 식품 첨가물)은 인슐린의 기능을 떨어뜨려 대사증후군을 일으키고 간 손상을 포함한 합병증을 불러일으키는 환경적인 요인이다.
3) 액상과당이 들어 있는 음식을 많이 먹으면 술을 마시지도 않는데 간에 지방이 축적돼 간에 손상을 주었다.
4) 단맛이 나는 가공식품의 섭취를 줄이면 간질환의 위험도 줄어든다.

**참조:** 대한간학회가 1988~2007년 강북삼성병원에서 건강 검진을 받은 성인 73만 명의 데이터를 분석한 결과는 다음과 같았다.

1) 1988년 7%였던 지방간 유병률이 2007년 28%로 크게 증가했다.
2) 영양 상태가 좋아지고 성인병이 늘어감에 따라 지방간 환자가 늘어나는 추세다.

배리 팝킨 교수가 이끄는, 영양학자와 경제학자 등으로 구성된 미국 노스캐롤라이나 대학 연구팀은 1985~2006년 사이 18~30세 남녀 5,115명을 관찰했다. 탄산음료의 가격 동향과 소비자 건강과의 상관관계, 이들의 정기 건강 검진 기록과 식단을 토대로 20년 동안 추적 조사한 결과를 발표했다. 이는 학술지 〈내과학회(Archives of Internal Medicine)〉(2010년 3월호)에 발표되었으며, 미국 〈뉴욕타임스〉, 〈데일리파이낸스〉 등에 2011년 3월 15일 보도되었다.

1) 건강 상태, 음료 섭취량, 식습관, 거주지 이동, 물가 상승률 등을 종합 분석했다.

2) 2ℓ 짜리 탄산음료 가격이 1달러(약 1,100원) 오르면 일일 평균 섭취량이 12kcal 줄고, 1년에 체중이 1.0kg 감소해 심장병 발병 위험은 그만큼 낮아졌다.

3) 탄산음료의 가격과 소비자의 건강은 비례 관계였다.

4) 탄산음료의 소비량은 지난 반세기 동안 2배 가까이 증가했다.

5) 어린이들은 몸에 좋은 우유보다 탄산음료를 더 많이 마셨다.

6) 탄산음료를 마시는 사람은 식사를 해도 포만감을 얻지 못해 식사량이 늘고 혈당이 급속히 올라갔다.

7) 매일 음료를 마시는 어린이는 비만이 될 확률이 60%나 높았다.

8) 탄산음료를 정기적으로 마시는 사람은 당뇨병, 고혈압, 심장병 등 각종 질환에 걸릴 확률이 매우 높았다.

9) 탄산음료를 많이 마시는 어린이와 흑인 히스패닉계 등을 더 포함했으면 결과는 더 극명하게 나타났을 것이다.

10) 탄산음료에 세금을 매겨 음료 소비량을 줄이고 새로 거둔 세금으로 건강 식단 캠페인을 하거나 산책로와 자전거 도로를 만들어야 한다.


다음은 경제학자들의 한마디.

"미국 전역에 탄산음료세를 신설하면 연간 7,700만 달러(약 847억 원)의 세금을 거둘 수 있다."

"비만 방지에 2,200만 달러(약 242억 원)를 쓸 수 있다."


미국 텍사스 대학 헬스사이언스센터의 헬렌 하츠다 교수는 다이어트 탄산음료를 즐겨 마시는 사람과 그렇지 않은 사람 474명을 대상으로 음료와 복부비만에 관해 조사했다.

이 연구 결과는 2011년 6월 25일 '미국 당뇨병협회(American Diabetes Association)' 회의에서 발표되었으며, 〈MSNBC〉에 2011년 6월 28일 보도되었다.


1) 약 10년 동안 진행된 연구 결과 다이어트 음료를 즐긴 사람 가운데 약 70% 가량이 오히려 허리 사이즈가 큰 폭으로 늘어난 것으로 나타났다.

2) 이에 비해 다이어트 음료를 마시지 않은 사람은 약 12% 정도만 허리둘레가 늘어났다.

3) 인공감미료가 체중을 불리는 원인에 대해서는 아직 명확히 밝혀지지 않는 상태지만, 인공감미료의 단맛에 길들여지면 더 많은 달콤한 음식이 먹고 싶어져, 결과적으로 칼로리 섭취가 늘어나 살이 찌게 된 것 같다.

4) 다이어트 탄산음료가 뱃살을 찌게 할 뿐 아니라 당뇨병과 같은 질병의 원인이 될 수도 있다.

5) 쥐를 대상으로 칼로리가 거의 없는 인공감미료 아스파탐(단맛을 내기 위해 다이어트 콜라 등에 사용되는 대표적인 감미료)을 3개월 동안 먹인 결과 이들의 혈당 수치가 보통 먹이를 먹은 쥐들에 비해 크게 높아졌다.


미국 하바드 대학 공공보건대학원의 프랭크 후 박사는 미국 몬태나에서 열린 '세계 물 교육 회의(Global Water Education Conference)'에서 다음과 같은 연구 결과를 발표했다. 이는 영국 일간지 〈데일리메일〉에 2011년 9월 16일 보도되었다.

1) 레모네이드나 콜라 같은 탄산음료 대신 물을 마시면 당뇨병 위험을 크게 줄일 수 있다.

2) 당분이 첨가된 음료수 대신 물을 마시면 체중이 줄어들 뿐 아니라 성인형 당뇨병(2형 당뇨병)에 걸릴 위험도 7% 낮아졌다.

3) 당분이 첨가된 음료를 지속적으로 마시면 비만해지고 당뇨병에 걸릴 위험이 커진다는 증거는 많았다.

4) 탄산음료가 심장병 위험을 높인다는 증거도 새로이 나타나고 있다.


장피에르 디스프레 박사(과학 부문 책임자)가 이끄는 '심장병과 대사질환에 관한 국제 의장단(International Chair on Cardiometa bolic Risk)'은 다음과 같은 연구 결과를 발표했다.

1) 해마다 10만 명의 영국인이 당뇨병이라는 진단을 받고 있다.

2) 2030년이 되면 영국의 비만 인구는 2,600만 명에 이를 것이다.

3) 오늘날 복부비만에 따른 당뇨와 심장병이 유행하는 것은 운동 부족과 잘못된 식습관 때문이다.

4) 특히, 당분으로 단맛을 낸 음료를 지나치게 많이 마시는 것이 주요한 원인이다.


'자연적 수분 섭취 위원회(Natural Hydration Council)'의 킨버러 카

레이 사무총장도 한마디했다.

1) 우리가 마시는 음료에 주의를 기울이는 것은 우리가 먹는 음식을 조심하는 것과 마찬가지로 중요하다.
2) 칼로리나 여타의 첨가물이 없는 물은 인체가 원하는 최상의 음료다.


반면, 영국 비알콜음료협회의 대변인은 이렇게 주장했다.

1) 비만과 2형 당뇨의 원인은 섭취한 칼로리에 비해 운동으로 소비하는 칼로리가 적기 때문이다.
2) 음식은 음료의 칼로리와는 무관하다.


**참조:** 소아과 의사인 바네사 번디 박사가 이끄는 조지아대 의과대학 연구팀은 14~18세 청소년 559명을 대상으로 청소년들이 청량음료를 너무 많이 섭취하면 건강에 해로운지 여부를 조사했다. 이 연구 결과는 〈영양학 저널〉(2012년 2월호)에 실렸으며, 〈헬스데이 뉴스〉에는 2012년 1월 27일 보도되었다.

1) 청소년들이 청량음료를 너무 많이 섭취하면 건강에 해로운 것으로 조사되었다.
2) 과일이나 청량음료에 들어 있는 과당 감미료가 심혈관계 질환이나 당뇨병 발병 위험을 높일 수 있다.
3) 과당을 많이 섭취하면 혈압 수치를 상승시키는 것으로 나타났다.
이는 당뇨병과 관련되는 공복 시의 혈당 수치와 인슐린 저항성(insulin resistance)의 상승으로 이어졌다.
4) 인슐린 저항성은 혈당을 낮추는 인슐린의 기능이 떨어져 세포가 포도당을 효과적으로 연소하지 못하는 것을 말하는데, 인슐린 저항성이 높을 경우, 인체는 너무 많은 인슐린을 만들어 내고 이로 인해 고혈압이나 고지혈증은 물론 심장병, 당뇨병 등까지 초래할 수 있다.
5) 과당을 너무 많이 섭취하는 청소년들은 또한 심혈관 속의 방어인자인 고밀도 리포 단백질(HDL)과 당 대사 및 인슐린 저항성에 중요한 역할을 하는 아디포넥틴의 수치가 낮아지는 것으로 나타났다.

6) 과당의 다량 섭취와 심혈관계 질환과의 상관관계는 복부비만이 있는 청소년들에게서 더욱 뚜렷했다.

7) 성장기 청소년들에게 양질의 음식을 먹는 것과 과당 섭취 간의 균형을 잡는 것은 매우 중요하다.

미국 〈영양 저널〉(2012년 5월호)에 실린 연구 논문의 주요 내용은 다음과 같았다. 이는 미국 뉴스 방송 〈CNN〉에 2012년 5월 18일 보도되었다.

1) 하루에 한 잔 이상 청량음료를 소비하는 사람들의 뇌졸중 위험이 증가했다.

2) 청량음료는 설탕이 들어간 음료 중에서 가장 많이 소비되고 있으며, 많이 마시면 심장질환, 비만, 고콜레스테롤을 부를 수 있다.

3) 미국인의 경우 적어도 하루에 한 번 이상 설탕이 들어간 음료를 마시는데, 남자는 178kcal, 여자는 103kcal를 섭취하고 있다.

4) 청량음료를 마시는 아이들이 액체 형태로 급하게 설탕과 과당을 섭취하면 혈당과 인슐린의 급증으로 염증과 인슐린 저항을 초래하며, 뇌졸중, 심장질환, 당뇨, 비만, 암, 역류성 식도염에 걸릴 위험이 높아지기도 한다.

5) 고체 형태의 음식물에서 칼로리를 얻는 것과 달리 음료를 마시는 것은 배고픔을 해결해 주지 못한다.

미국 심장학회의 경고 한마디.

1) 일주일에 콜라 3캔 이상이나 설탕 함유 음료를 450kcal 이상 소비해선 안 된다.

2) 특히 과체중이거나 비만, 심장질환, 당뇨병 위험이 있다면 더욱 조심해야 한다.

**박덕은 박사의 건강 상식 · 4**
설탕 등을 넣어 단맛을 내는 음료와 100% 과일주스 등 당음료를 되도록 피하자.

# 05
# 액상과당을 자주 먹으면

과당은 과일 무게의 5~10%에 해당하는 당분이다. 요즘에는 과일보다 인공 과당인 액상과당 형태로 섭취하는 경우가 더 많아졌다. 1971년 과당 55%와 옥수수 당시럽 45%를 합성한 액상과당이 개발된 이후 많은 음식과 음료에 첨가되고 있다.

이 액상과당은 'high fructose corn syrup'의 번역어이며, 이름에서 알 수 있듯 옥수수 등 농작물에서 추출하는 고농도 과당(fructose)이 주성분이다.

액상과당은 공장에서 대량으로 생산되는 여러 음식에 사용된다. 액상과당은 값이 상대적으로 저렴하기 때문에 설탕을 대신해 요거트, 케이크, 샐러드 드레싱, 시리얼 등에 사용된다. 심지어 건강 음료라 불리는 과일 음료에도 과당이 들어 있다. 이외에도 분유, 탄산음료, 과자, 젤리, 물엿, 조미료 등 거의 모든 가공식품에 단맛을 내기 위해 첨가되고 있다. 그 중에서도 가장 액상과당의 함량이 높은 것은 청량음료다.

미국에서 판매되는 모든 가공식품의 성분 표시에는 'high fructose corn syrup'을 사용했다는 사실이 명기돼 있다. 소비자에게 액상과당을 먹을지, 안 먹을지에 대한 선택권을 주는 것이다.

한국에서도 모든 가공식품은 그 안에 들어간 성분을 들어간 양이 많은 순서대로 표시해야 한다. 단, 중량의 2% 이하로 들어간 성분은 순서와 상관없이 표시할 수 있다고 식품의약품안전청은 밝혔다. 그러나 문제는 용어 통일이 안 돼 있어 업체 마음대로 첨가물 이름을 표현할 수 있다는 것이다.

액상과당은 지방세포의 생성을 돕고 당뇨병과 심장병을 발생시키는 원인이 된다. 액상과당이 어린이 당뇨병 발생의 위험 요소이기도 하다.

다니엘 랜 교수가 이끄는 미국 존스홉킨스 대학 연구팀은 2000년 이후에 발표된 뇌의 신호 시스템에 관한 연구와 보고서 여러 편을 분석해 다음과 같은 연구 결과를 내놓았다.

이는 미국에서 발행되는 국제 학술지 〈생화학 및 생물 물리 연구(BBRC, Biochemical and Biophysical Research Communications)〉 온라인 판에 소개되었으며, 미국 온라인 과학 뉴스 〈사이언스 데일리〉에 2009년 3월 27일 보도되었다.

1) 뇌의 시상하부에 영향을 미치는 말로닐-CoA라는 효소가 증가하면 식욕이 억제된다.
2) 포도당(glucose)은 말로닐-CoA를 늘려 식욕을 억제한다. "단것을 먼저 먹으니 밥맛이 없다"고 할 때의 바로 그 단맛이다.
3) 과당은 말로닐-CoA를 줄여 식욕을 높이는 것으로 확인되었다.
4) 액상과당을 섭취하면 식욕이 증가해 비만과 당뇨 위험이 높아졌다.

경희대학 동서신의학병원 영양관리센터 이금주 팀장의 한마디.

1) 꿀, 과일, 야채 등에 들어 있는 과당을 자연식품으로 섭취하는 것은 크게 문제가 되지 않지만, 액상과당이 들어 있는 가공식품이 문제다.
2) 청량음료, 과일 맛 음료 등은 되도록 먹지 않는 게 좋다.
3) 액상과당을 대체하고 싶다면 솔리톨, 자일리톨 같은 당알코올이나 올리고당을 선택하는 게 좋다. 이들 성분들은 단맛은 내지만 칼로리가 낮고 입안에 남지 않아 충치 예방에도 도움이 된다.

　　분자생물학자 킴버 스탠호프 교수가 이끄는 미국 캘리포니아 대학 연구팀은 사람을 대상으로 한 임상 실험 결과를 발표했다. 이 연구 결과는 영국 일간지 〈텔레그라프〉 인터넷판 등에 2009년 12월 13일 보도되었다.

1) 연구 대상자인 일반인 16명은 10주 동안 액상과당을 많이 섭취했고 다른 그룹은 액상과당 대신 설탕을 섭취했다.
2) 그 결과 액상과당을 섭취한 그룹에서만 장기에 지방세포가 쌓이고 음식 흡수 과정에서 당뇨병과 심장병이 유발될 수 있을 것이라는 신호가 관찰되었다.
3) 수천 가지 식품과 음료에 사용되는 액상과당이 인간의 대사 시스템을 손상시키고 비만을 유발한다.
4) 이번 연구는 액상과당이 당뇨병과 심장병 위험과 관계가 있음을 밝힌 첫 번째 임상 실험이다.
5) 액상과당은 지방을 저장할 것인지 태울 것인지를 결정해 명령하는 메커니즘을 붕괴시키는 등 여러 비정상적인 반응을 유발한다.

**노스캐롤라이나 대학의 베리 팝킨 교수도 한마디.**

1) 액상과당은 여러 식품에 많이 사용되기 때문에 액상과당의 비율과 질을 따져 소비하기는 사실상 불가능하다.
2) 되도록 액상과당보다는 설탕이 들어간 식품을 고르는 노력이 필요하다.

　　영국 브리스틀 대학 조지나 코데 연구팀은 정상 체중의 어린이 32명의 '전지방세포(pre-adipocyte, 성숙한 지방세포의 전 단계)'를 추출한 뒤 포도당과 과당을 각각 주입해 지방세포의 증식 속도를 관찰한 결과를 발표했다. 이 연구 결과는 '내분비학회(Endocrine Society)' 연례회의에서 발표되었으며, 미국 건강 웹진 〈헬스데이〉, 미국 일간지 〈USA투데이〉 온라인판 등에 2010년 6월 20일 보도되었다.

1) '전지방세포'에 정상 수치의 포도당, 높은 수치의 포도당, 높은 수치의 과당을 각각 주

입하고 지방세포 증식 속도를 측정한 결과, 높은 수치의 과당을 주입한 지방세포는 포도당을 주입한 지방세포보다 2배로 빨리 증식했다.

2) 특히 피부 바로 아래에 있는 피하지방세포와 복부 안쪽 깊숙이 있는 내장지방세포 증식이 빨랐다.

3) 포도당을 주입한 지방세포는 당뇨병 위험 요인인 인슐린 저항성이 증가했다.

4) 어린이 비만과 성인 비만은 심장병, 2형 당뇨병 같은 여러 질병의 원인이 되며 계속 늘어나기 때문에 세계적으로 문제가 되고 있다.

5) 과당과 포도당의 합성인 고과당 콘 시럽은 당뇨병과 비만을 불러온다.

6) 정크 푸드 속에 들어 있는 '과당'을 먹으면 비만이 되는 이유가 내장지방세포 증식에 가속도 작용을 하기 때문이다.

**참조:** 프랭크 후 교수가 이끄는 미국 하버드 대학 공공보건대학원 연구팀이 미국 전역의 여성 83,000명의 음료수 섭취 습관을 12년에 걸쳐 추적한 데이터를 조사, 분석했다. 이 자료에는 여성들이 식습관과 건강 상태에 대해 응답한 내용들이 포함돼 있었다. 이 연구 결과는 〈미국 임상영양 저널(American Journal of Clinical Nutrition)〉(2012년 6월호)에 실렸으며, 2012년 6월 1일 영국 일간지 〈데일리메일〉에 보도되었다.

1) 조사 대상자들 중 2,700명의 여성들이 당뇨병에 걸렸는데, 이들의 식습관과 당뇨병 발병 간의 관계를 분석한 결과 맹물을 얼마나 많이 마셨는지는 당뇨병 발병률에 아무런 영향을 미치지 않았다.

2) 하루에 물을 6잔 마신 여성이나 한 잔 미만을 마신 경우나 당뇨병 발병률에는 별 차이가 없었다.

3) 당분이 포함된 청량음료나 과일주스는 당뇨병 발병률을 높이는 것으로 나타났는데, 이들 음료를 하루에 한 컵씩 마시면 당뇨병 발병률이 10% 더 높아졌다.

4) 하루에 한 컵씩 청량음료 마시는 것을 맹물 한 컵으로 바꾸는 것만으로도 당뇨병 발병 위험이 7~8% 낮아질 수 있다.

5) 사람들이 흔히 좋은 대체음료로 알고 있는 과일주스 역시 청량음료만큼 칼로리와 당분을 함유하고 있기 때문에 좋은 대안이 될 수 없다는 점을 알아야 한다.

6) 음료를 맹물로 바꾸는 것이 당뇨병 발병률을 크게 줄일 수는 없지만 당뇨병이 워낙 흔한 질환이 되고 있는 상황이기 때문에 발병자의 숫자를 감안하면 7~8%의 감소율은 상

당한 수치인 셈이다.

7) 참고로, 미국의 경우 여성의 10%에 해당하는 1,260만 명이 당뇨병에 걸려 있다.

8) 설탕을 넣지 않은 커피나 차로 탄산음료나 과일주스를 대체하면 당뇨병 발병률을 12~17% 더 낮춘다고 설명했다.

**박덕은 박사의 건강 상식 · 5**
액상과당이 들어 있는 가공식품을 먹지 말자.

# 06
# 설탕을 많이 먹으면

2012년 2월 1일자 〈네이처(Nature)〉에 실린 논문에서 공동 저자인 로버트 루스티그, 로라 슈미트, 찰리 브린디스는 다음과 같이 주장했다. 이는 2012년 2월 1일 미국 〈CBS 방송〉에 보도되었다.

1) 지난 50년간 설탕 소비는 세계적으로 3배 늘어났는데, 이게 비만 확산의 큰 원인이 되었다.

2) 영양실조를 겪는 인구에 비해 비만을 겪는 인구가 30% 더 많다.

3) 설탕이 담배나 술만큼 건강에 해롭고 위협적인 요인이 될 수 있으므로 정부는 설탕 소비에 대해 통제하고 규제해야 한다.

4) 설탕이 술과 담배처럼 규제되어야 하는 이유는 많다. 즉 설탕은 피해갈 수 없는 음식이며, 남용 위험성이 있고, 인체에 유해하며 사회적으로도 부정적인 측면이 있다.

5) 많은 가공 음식에 첨가돼 있는 설탕만으로도 하루에 500kcal의 열량을 섭취하게 된다.

6) 미국인의 경우 하루에 섭취하는 칼로리의 25%를 설탕을 통해 섭취하고 있다.

7) 설탕에 세금을 매기거나 연령별로 규제하는 방식으로 설탕 소비를 통제해야 한다.

**박덕은 박사의 건강 상식 · 6**

피해갈 수 없는 음식이며, 남용 위험성이 있고, 인체에 유해하며 사회적으로도 부정적인 측면이 있는 설탕을 가급적 먹지 말자.

# 07
# 당(糖)을 과다 섭취하면

식품의약품안전청은 2012년 5월 24일 다음과 같이 발표했다.

1) 국민 한 명이 하루에 섭취하는 당류는 세계보건기구(WHO) 섭취 권고량의 약 87% 수준이지만, 소비량이 계속 늘어나고 있어 3년 뒤엔 권고량을 초과할 것으로 보인다.

2) 당은 몸에 꼭 필요한 에너지원이지만 과도하게 섭취하면 영양 불균형으로 비만·당뇨병·협심증 등의 만성질환에 걸리기 쉽다.

3) 2008~2010년 국민건강영양조사와 외식 영양 성분 자료를 분석해 본 결과, 2010년 하루 평균 당 섭취량은 61.4g으로 2008년 49.9g에 비해 23%나 증가했다.

4) 주식을 통한 당 섭취량은 변화가 없었지만 가공식품을 통한 당 섭취량이 크게 늘어나 2010년의 경우 전체 당 섭취량이 44.4%에 달했다.

5) 당이 들어간 가공식품 중에서도 1위인 커피가 33%나 차지했고 그 다음이 음료류 21%, 과자·빵류 16%, 탄산음료 14%, 가공우유 8% 등의 순이었다.

6) 당 섭취량은 모든 연령대에서 늘고 있지만, 30~49세 직장인과 주부에서 두드러졌고 그 다음은 12~18세 중·고등학생, 19~29세 청년이었다.

7) 30~49세 직장인은 커피 섭취가 많아 가공식품을 통한 당 섭취가 46%나 되었다.

8) 12~18세는 탄산음료와 과자·빵류 섭취 비중이 25% 수준으로 높았다.

9) 식품 선택 시 영양 표시의 당을 확인하고, 음료류보다는 생수를 먹어야 한다.

**박덕은 박사의 건강 상식 · 7**
식품 선택 시 영양 표시의 당을 확인하고, 음료류보다는 생수를 먹자.

# 08
# 당지수가 높은 음식을 먹으면

당지수란 음식을 먹은 뒤 혈당이 얼마나 빠르게 올라가는지를 표시한 수치이다. 사탕과 설탕, 또는 감자나 흰 빵 같은 녹말 음식은 당지수가 높다. 바나나는 당지수가 52, 땅콩은 14로 당지수가 낮다. 생선, 파스타, 우유, 고기, 감자, 야채 등도 당지수가 낮다. 과일 중에는 수박처럼 일부 당지수가 높은 것들도 있으나 대부분 당지수가 낮은 편이다.

알렉스 에반 교수가 이끄는 아일랜드 더블린 대학 연구팀은 몸무게, 생식 주기, 임신 기간 등이 인간과 비슷해, 임신 기간에 먹은 음식이 태아에 미치는 영향을 연구하기에 좋은 암컷 양을 대상으로, 임신 3개월 동안 양에게 보통의 먹이를 제공하면서 추가로 하루에 두 번 당지수가 높은 먹이를 제공한 동물 실험을 통해서 다음과 같은 현상을 확인했다.

이 연구 결과는 〈영국 산부인과 저널(British Journal of Obstetrics and Gynaecology)〉(2009년 4월호)에 발표되었다.

1) 임신부가 초콜릿, 흰 빵처럼 당지수가 높은 음식을 많이 먹으면 태아가 뚱뚱해질 확률이 높다.
2) 태어난 새끼양은 몸무게가 많이 나갔고 출생 후 몸무게가 불어나는 속도도 빨랐다.
3) 임신 때 당지수가 높은 음식을 수시로 먹으면 고혈당증이 일어나고, 인슐린 생산이 자극돼 태아 성장에 영향을 준다.
4) 임신 기간 중에 먹는 음식의 종류를 잘 선택하면 출산 시 산모의 고통을 줄이면서, 아기가 비만이 되는 것도 막을 수 있다.

5) 당지수가 높은 사탕, 설탕 등을 먹으면 혈당이 빠르게 올라간다.

# 09
# 탄수화물을 많이 먹으면

　　마흐무드 시디큐 교수가 이끄는 미국 뉴저지 주의 로버트우드존 슨대 의과대학 연구팀은 뉴저지 메르세르 지역에 있는 공립고등학교 3학년생들을 대상으로 수면 부족 상태, 우울증 정도, 탄수화물 갈망 정도를 측정한 연구 결과를 발표했다.

　　이는 미국 미네소타 주 미니애폴리스에서 열린 수면전문가협회(APSS) 제25회 연례모임 'SLEEP'에서 2011년 6월에 발표되었으며, 과학 뉴스 사이트 〈사이언스 데일리〉에 2011년 6월 15일 보도되었다.

1) 수업 시간에 조는 학생들은 빵과 라면 같은 탄수화물에 집착하는 경향이 있었다.

2) 262명의 학생 중 115명이 탄수화물을 매우 좋아했고, 이 중 34%(39명)는 우울 증상이 있었다.

3) 탄수화물을 거의, 혹은 전혀 좋아하지 않는 학생 52명 중에선 22%(11명)만이 우울 증상이 있었다.

4) 탄수화물에 가장 집착하는 학생(31명)의 '졸림 지수(ESS)'는 12.4점으로 탄수화물을 전혀 좋아하지 않는 학생(8명)의 지수 8.25점보다 월등히 높았다. ESS란 낮에 졸리는 정도를 주관적으로 평가하는 척도로서 8개의 문항에 0~4점을 매기는데 무슨 일을 하든 항상 졸리면 32점, 전혀 졸리지 않으면 0점이 된다.

5) 10대 청소년들은 수면 부족이 심하고 우울증 상태가 높을수록 밀가루 종류의 탄수화물을 더 먹고 싶어하는 패턴을 보였다.

6) 특히, 수면 부족은 신진대사 균형을 파괴시켜 평상시의 식단까지 영향을 주었다.

7) 우울증과 수면 부족은 결국 10대들의 비만을 부를 수 있다.

프라댕리드 교수는 이렇게 말했다.

1) 사람은 40, 50대가 되면 20대 때만큼 칼로리를 연소하지 못한다. 따라서 음식을 적게 먹고 운동을 더 많이 해야 한다.
2) 체중을 장기적으로 유지하는 데는 다이어트보다 운동이 더 중요하다.
3) '모든 칼로리가 체중 증가에 동일한 영향을 미치는 것은 아니다'라는 사실을 알아야 한다.
4) 살코기, 치즈, 콩 등 지방 함량이 적은 단백질 식품을 먹으면 칼로리를 더 효과적으로 태울 수 있다.
5) 신체는 탄수화물을 더 늦게 연소하며 이를 저장하려는 경향이 있다.
6) 지방이 적은 단백질을 먹고 탄수화물을 적게 먹는 것은 체중 증가를 막는 좋은 방법이다.

**박덕은 박사의 건강 상식 · 9**
우울증과 비만을 피하기 위해선 탄수화물을 되도록 적게 먹자.

# 10
# 맛있는 음식을 탐닉하면

　데릭 최 교수가 이끄는 미국 신시내티 대학 연구팀은 맛있는 음식을 찾을 때의 뇌 상태를 관찰하기 위해 실험용 쥐에게 초콜릿을 정기적으로 먹이다가, 쥐가 초콜릿을 먹을 것이라고 예상하는 상태에서 초콜릿을 주지 않고 쥐 뇌의 변화를 관찰한 결과를 발표했다. 이는 미국 오레곤 주에서 개최된 '식습관연구학회(Society for the Study of Ingestive Behavior)'의 연례 학술대회에서 2009년 8월 1일 발표되었으며, 미국 과학 논문 소개 사이트 〈유레칼러트〉, 온라인 과학 뉴스 〈사이언스 데일리〉 등에 2009년 8월 1일 보도되었다.

1) 맛있는 음식은 마약과 같은 효과를 뇌에 일으키는 것으로 나타났다.

2) 맛있는 음식을 탐닉하는 사람의 뇌는 마약 중독자의 뇌와 비슷해지면서 배고프지 않아도 맛있는 음식을 찾게 되었다.

3) 초콜릿을 애타게 기다리는 쥐의 뇌에선 오렉신이라 불리는 뉴런들이 활성화되었는데, 이런 상태는 마약 중독자가 니코틴이나 코카인을 찾을 때와 비슷한 것으로 나타났다.

4) 오렉신이라 불리는 뉴런은 원래 각성 상태와 흥분에 관련되는 것으로 알려져 있었지만, 이번 실험을 통해 맛있는 음식을 지나치게 먹게 하는 보상 효과와도 관계가 있는 것으로 밝혀졌다.

5) 맛있는 음식을 계속 찾아 먹으면 결국 그 음식에 중독되면서 배고프지 않아도 그 음식을 먹게 돼 비만으로 연결된다.

6) 마약처럼 음식을 찾아 먹는 이런 중독 상황에서 벗어나려면 맛있는 음식을 멀리 하는 생활습관 변화가 필요하다.

7) 오렉신이라 불리는 뉴런에 영향을 미치는 약물을 개발해 비만 치료제로 활용할 수 있을 것이다.

**박덕은 박사의 건강 상식 · 10**

맛있는 음식을 계속 찾아 먹으면 결국 그 음식에 중독되면서
배고프지 않아도 그 음식을 먹게 되므로 맛있는 음식보다는
영양가 있는 식사를 하자.

# 11
# 요리에 화학조미료를 넣어 먹으면

공중보건대학 카 허 교수가 이끄는 미국 노스캐롤라이나 대학 연구팀은 중국 북부와 남부 지방 3곳의 시골 마을에 사는 40~59세 중국인 남녀 750명을 관찰했다. 연구팀은 가공식품이 아닌, 집에서 직접 만든 요리에 화학조미료를 넣어 먹는 사람과 그렇지 않은 사람을 비교 분석했다. 이 연구 결과는 〈비만학지(Journal Obesity)〉(2008년 8월호)에 실렸으며, 미국 의학 논문 소개 사이트 〈유레칼러트〉, 온라인 과학 뉴스 〈사이언스 데일리〉 등에 2008월 8월 13일 보도되었다.

1) 음식맛을 내기 위해 화학조미료인 글루탐산나트륨(MSG)을 많이 넣어 먹는 사람은 그렇지 않은 사람에 비해 뚱뚱해질 가능성이 3배나 높았다.

2) 종전에는 동물 연구를 통해서 MSG가 체중을 증가시킨다는 사실이 밝혀졌지만, 이번 연구는 MSG가 사람의 체중 증가에 미치는 영향을 규명한 최초의 연구다.

3) 전체 조사 대상자들 중 82%가 요리를 할 때 MSG를 넣고 있었다.

4) MSG 사용량에 따라 세 그룹으로 나누어 관찰한 결과, MSG를 가장 많이 사용한 그룹의 사람들은 아예 MSG를 사용하지 않은 그룹의 사람들보다 과체중 비율이 3배 더 높았다.

5) MSG가 음식의 맛을 내기 위해 수도 없이 많은 가공식품에 첨가되기 때문에, 그동안 인간에게 미치는 영향을 연구하기가 어려웠다.

6) 중국에 있는 시골 마을 사람들을 연구 대상자로 삼은 이유는 이들은 가공식품을 거의 먹지 않지만, 그들이 직접 만드는 음식에 자주 MSG를 첨가해 먹고 있기 때문이다.

7) MSG를 사용하는 사람들이 확실히 체중이 더 많이 나가고 비만인 경우가 많다는 것이 밝혀졌다.

8) 하루의 운동량, 총 칼로리량 등 체중 증가와 관련된 다른 요소들을 조절했음에도 MSG가 체중 증가에 영향을 미치는 사실을 확인했다.

9) 미국 FDA를 비롯해 세계 여러 보건기구에서는 MSG가 안전하다고 결론짓고 있지만, 그것이 과연 올바른 판단인지에 대한 의문은 여전히 남아 있다.

중앙대학 식품영양학과 최창순 교수도 한마디.

1) '중국음식점증후군(Chinese Restaurant Syndrome)' 이라고 해서 MSG가 많이 첨가된 중국 음식을 먹고 난 후 불쾌감, 근육 경직, 메스꺼움 등의 증상을 호소하는 사람이 있다.

2) 아직 MSG의 유해성이 정확히 밝혀지지 않았지만, 우리나라도 음식맛을 좋게 하기 위해 MSG를 사용하는 음식점들이 많이 있다.

3) 비만 등과 관련된 문제가 MSG의 과다 사용과 관련이 있으므로 집에서는 소량을 사용하거나 아예 천연조미료를 사용하는 것이 바람직하다.

**박덕은 박사의 건강 상식 · 11**
음식맛을 내기 위한 화학조미료(MSG)를 되도록 피하자.

# 12
# 저칼로리 식품을 먹으면

데이비드 피어스 교수가 이끄는 캐나다 앨버타 대학 연구팀은 쥐들에게 저칼로리의 다이어트 식품을 주고 섭취량을 관찰한 연구 결과를 2007년 8월 미국 〈비만〉지에 발표했다.

1) 당분 함량을 줄인 저칼로리 다이어트 식품을 먹어도 결국 비만으로 이어진다.
2) 쥐가 뚱뚱하든 말랐든 무의식적으로 과식을 했으며 나이든 쥐보다 어린 쥐에서 이 같은 현상이 뚜렷했다.
3) 저칼로리 다이어트 식품이 어린 쥐의 칼로리 섭취를 억제하는 미각능력을 방해해 더 많은 양의 음식을 먹게 한 것으로 분석되었다.
4) 나이든 쥐는 다양한 음식을 먹으며 터득한 미각의 경험에 의존해 필요한 만큼의 식사를 한 반면 어린 쥐들은 그렇지 못해 충분한 식사를 했음에도 불구하고 과식을 했다.
5) 성장기에 있는 어린이들에게 저칼로리 다이어트 식품을 권하는 것은 바람직하지 않다.
6) 저칼로리 식사와 간식보다는 활동에 필요한 충분한 칼로리를 섭취할 수 있도록 균형 있는 식단을 만들어주는 게 바람직하다.

제프 브런스트롬 교수가 이끄는 영국 브리스톨 대학 연구팀은 두 가지 실험을 했다. 첫 실험은 성인 76명에게 18가지 음식을 제공하고 이들의 행위를 관찰하는 것이었다. 두 번째 실험은 10~12세 어린이에게 초콜릿 같은 단 음식을 제공하면서 아이들이 칼로리를 어느 정도로 생각하며, 얼마나 먹는지를 측정했다. 이 연구 결과는 2009년 6월에 열린 '영국 영양재단(British Nutrition Foundation) 학술대회'에서 발표되었고, 영국 일간지 〈데일리메일〉 온라인판에 2009년 6월 15일 보도되었다.

1) 첫 번째 실험 대상자들은 칼로리가 낮은 음식을 본능적으로 더 많이 먹으며, 쉽게 자신의 행동을 정당화했다. 이들은 주어진 음식을 보고 재빠르게 칼로리를 계산해 저칼로리로 먹었지만 양을 늘림으로써 과잉 보상 결과를 낳았다. 이는 '저칼로리 음식을 먹은 쥐는 과식하는 경향이 있다' 는 2007년에 발표된 캐나다 연구팀의 연구 결과와도 일맥상통했다.

2) 평소 부모의 제한으로 이런 음식을 많이 접하지 못한 어린이들은 초콜릿 등의 칼로리를 실제보다 절반 정도로 평가 절하하며 더 많이 먹는 경향을 보였다.

3) 평소 이런 단 음식을 자주 접했던 어린이들은 비교적 정확하게 칼로리를 추측했으며 이에 맞춰 먹는 양을 조절했다.

4) 어차피 단 음식에 어린이들이 노출되기 쉬운 환경이라면 이런 음식을 무조건 금지할 것이 아니라, 음식에 대한 정확한 정보를 미리 어린이들에게 알려 줘야 아이들이 주의할 수 있다.

영국 영양재단의 리사 마일스 박사의 한마디.

1) 저칼로리 음식을 보면 사람들은 본능적으로 '더 많이 먹어야 배가 부를 것' 이라고 생각하기 쉽다.

2) 저칼로리 음식에 대한 잘못된 인식이 과식을 유발한다는 사실을 알아야 한다.

**박덕은 박사의 건강 상식 · 12**
칼로리 섭취를 억제하는 미각 능력을 방해해 더 많은 양의 음식을 먹게 하는 저칼로리 식품을 피하자.

# 13

# 음식을 짜게 먹으면

한국 국민 일인당 하루 나트륨 섭취량은 4,878㎎으로(2010년 기준) 세계보건기구(WHO)의 하루 최대 섭취 권고량(2,000㎎)의 2.4배에 달한다.

염분이 체내에 많이 있을 경우 우리 몸은 스스로를 보호하기 위해서 수분을 배출하지 못하도록 하는데 이로 인해 부종이 생기기도 하며 신진대사가 원활하게 되지 않아 살이 찌게 된다. 짠 음식을 먹게 되면 침샘이 자극을 받고, 소화효소가 분비되어 자연스럽게 식욕이 왕성해지고 과식과 폭식을 유발한다. 소금을 많이 섭취하면 근육으로 가는 수분을 빼앗아 근육 발달을 저하시키고, 기초대사량에 영향을 끼치는데, 기초대사량이 떨어지면 자연스럽게 체중이 불어난다.

보건복지부는 동국대 가정의학과 오상우 교수가 이끄는 동국대 일산병원 연구팀과 함께 2007년부터 2010년까지 국민건강영양조사 데이터 등을 분석한 결과를 2012년 4월 10일 발표했다.

1) 짠맛을 내는 나트륨 성분과 비만의 상관관계가 높았다.

2) 나트륨과 비만의 상관관계를 실제 데이터를 토대로 분석해 본 결과, 19세 이상 성인을 식습관에 따라 5개 그룹으로 나눴을 때 음식을 가장 짜게 먹는 20%가 가장 싱겁게 먹는 20%보다 비만 위험이 20% 높았다.

3) 7~18세 청소년은 음식을 가장 짜게 먹는 20%의 비만 위험이 가장 싱겁게 먹는 20%보다 77% 가량 높았다.

4) 짠 음식을 섭취했을 때 청소년이 성인보다 건강을 해칠 위험과 비만 확률이 4배나

더 높았다.

5) 어릴 때부터 싱겁게 먹는 식습관을 길러줄 필요가 있다.

6) 나트륨의 하루 섭취량을 3g 수준으로 낮추면, 의료비 3조 원을 줄이고 사망자 감소에 따른 사회적 편익 10조 원을 기대할 수 있을 것으로 추산되었다.

**참조:** 가톨릭대학 식품영양학과 손숙미 교수가 2006년 8월 20~59세 성인 552명을 조사한 '대국민 저염 섭취 영양 사업을 위한 사전 조사 보고서'의 주요 내용은 다음과 같다.

1) 성인이 소금을 가장 많이 섭취하는 음식은 김치류 29.6%, 국·찌개류 18%, 어패류 13.3% 순이었다.

2) 김치는 절인 음식으로, 절대적인 소금 함량이 많다는 것보다 한국인들이 김치를 포함해 하루 세끼를 항상 먹는다는 점이 문제였다.

3) 국이나 찌개는 아무리 싱겁게 간을 해도 국물을 모두 먹으면 전체 소금 섭취량이 크게 증가할 수 있다.

4) 흔히 '소금 덩어리'로 생각하기 쉬운 장아찌나 젓갈류에서 섭취하는 소금 양은 먹는 빈도가 낮아 4.2%로 그다지 높지 않았다.

5) 남자(14.9g)가 여자(12.2g)보다 더 짜게 먹었다.

6) 남자는 라면(2위)에서, 여자는 생선구이(3위)에서 상대적으로 많은 소금을 섭취하는 것으로 나타났다.

7) 지역별로 김치와 된장의 염도를 측정한 결과, 경상도 지역의 김치와 된장이 각각 3%와 14.5%로 가장 높았다.

식품의약품안전청이 2010년 '나트륨에 관한 소비자 인지도 조사'에서 다음과 같은 사실을 밝혔다.

1) 한국인의 10명 중 7명은 나트륨 함량이 많이 들어 있다는 사실을 알면서도 외식을 하고 있었다.

2) 입안의 즐거움을 먼저 찾다보니 짠 음식을 버리지 못했다.

3) 사람들은 일일 나트륨의 권장량과 실질적으로 음식에 들어가는 나트륨의 양이 어느 정도인지 알지 못했으며, 비만의 주원인이 짠 음식에 의한 부기(浮氣) 때문이라는 사실도 자각하지 못하고 있었다.

4) 실제 나트륨 섭취 권고량이 2,000mg이라는 것에 대해 정확히 아는 사람은 고작 8%
에 불과했다.


**참조:** 식품의약품안전청이 1차 저나트륨 급식 주간(2011년 3월 21
일~3월 25일) 동안 500여 명을 대상으로 '짠맛 미각 검사'를 실시한 결
과는 다음과 같았다.

1) 대상자의 30%가 '약간 짜게' 나 '짜게'로 조사되었다.
2) '약간 싱겁게' 나 '싱겁게'로 나온 대상자는 24.4%로, 짜게 먹는 식습관을 바꾸기 위한
노력이 필요한 것으로 분석되었다.


**참조:** 식품의약품안전청이 2011년 11월 전국 72개 음식점에서 국
민들이 많이 찾는 외식 음식 130종을 구입해 음식별 평균 나트륨 함
량을 조사해서 발표했다.

1) 직장인이 즐겨 찾는 18가지 음식의 1인분 나트륨 함량이 세계보건기구(WHO)의 1일
섭취 권고량(2,000mg)을 초과하고 있었다.
2) 나트륨 함량이 1,000mg 미만인 음식은 떡, 만두, 일부 김밥, 튀김, 반찬류 한 접시 등
으로 극히 제한적이었다.
3) 나트륨 함량이 적을 것 같은 죽 종류, 즉 전복죽, 게살죽, 깨죽 등의 죽 한 그릇도 나트
륨 함량이 1,000mg을 넘었다.
4) 나트륨 함량이 높은 총 18가지 음식의 1인분 나트륨 함량이 무려 1,962~4,000mg
에 이르렀다.
5) 열무냉면 1인분(800g)에 함유된 나트륨이 무려 3,152mg이나 되었다.
6) 짬뽕, 우동, 열무냉면, 쇠고기육개장, 알탕, 물냉면, 동태찌개, 짜장면, 해물칼국수, 된
장찌개, 김치찌개 등은 나트륨 함량이 1일 섭취 권고량의 두세 배가 넘었다.
7) 특히 짬뽕의 나트륨 함유량은 무려 4,000mg(1인분 1,000g 기준)으로 음식 중 나트
륨 함량이 가장 높았다.
8) 간짜장은 나트륨 함량이 2,716mg에 이르렀다.
9) 라면의 나트륨 함량은 1,920~2,000mg이었다.
10) 나트륨 함량이 적은 메뉴는 회덮밥(744mg), 꼬리곰탕(766mg), 곰탕(823mg)이었

다. 카레라이스(1,089mg), 볶음밥(1,203mg), 비빔밥(1,337mg) 등도 비교적 나트륨 함량이 적었다.

나트륨 함량이 많은 음식을 순위별로 열거해 보면 다음과 같았다.

| No | 음식명 | 1인분중량(g) | 1인분나트륨(mg) |
|---|---|---|---|
| 1 | 짬뽕 | 1,000 | 4,000 |
| 2 | 우동(중식) | 1,000 | 3,396 |
| 3 | 열무냉면 | 800 | 3,152 |
| 4 | 쇠고기육개장 | 700 | 2,853 |
| 5 | 간짜장 | 650 | 2,716 |
| 6 | 알탕 | 700 | 2,642 |
| 7 | 물냉면 | 800 | 2,618 |
| 8 | 동태찌개 | 800 | 2,576 |
| 9 | 선짓국 | 800 | 2,519 |
| 10 | 짜장면 | 650 | 2,392 |
| 11 | 우동(일식) | 700 | 2,390 |
| 12 | 만둣국 | 700 | 2,368 |
| 13 | 해물칼국수 | 900 | 2,355 |
| 14 | 내장탕 | 700 | 2,337 |
| 15 | 잡탕밥 | 750 | 2,110 |
| 16 | 어묵국 | 600 | 2,065 |
| 17 | 추어탕 | 700 | 2,046 |
| 18 | 된장찌개 | 400 | 2,021 |
| 19 | 떡만둣국 | 700 | 1,980 |
| 20 | 김치찌개 | 400 | 1,962 |
| *자료 제공: 식품의약품안전청 | | | |

우리들 한의원 김수범 원장(사상체질 강의)의 한마디.

1) 최근 병원을 찾는 성인병 환자의 90% 이상은 식습관이 원인인 경우가 많다.

2) 비만의 가장 큰 원인 중 하나가 '지나친 소금 섭취'다.

3) 나트륨과 염소로 구성된 소금이 몸에 들어가면 소변으로 나가야 할 콩팥 속의 물을 체내로 가져와 체액의 볼륨을 높이고, 이것이 심장과 혈관에 부담을 주면서 각종 질환

의 원인이 된다.

4) 소금의 과다 섭취는 고혈압을 비롯한 심장질환, 뇌졸중, 신장병, 천식, 관절염 등에 영향을 미치며, 나아가 위암과 골다공증, 비만까지 불러온다.

5) 비만은 자세 변형을 일으켜 디스크까지 유발시키는 원인이 되기도 한다.

6) 관절염 환자에게 지나친 염분은 독이 된다.

7) 소금을 많이 먹으면 물을 많이 먹게 되고 관절염 환자의 부종이 점점 악화되면서 통증을 유발함과 동시에 질환이 악화되는 경향이 있다.

8) 소금이 반드시 나쁜 것만은 아니다. 긍정적인 요소가 많다. 소금은 체내 전해질의 균형을 이루게 하고, 세균을 죽이는 살균 작용을 하며, 체액의 삼투압을 유지시켜 주고, 막혀 있는 것을 뚫어주는 역할을 해 가래나 담, 숙변에 효능이 있다.

**박덕은 박사의 건강 상식 · 13**
어릴 때부터 싱겁게 먹는 식습관을 길러 주자.

# 14
## 술 마시면

연세대학 허갑범(내분비내과) 교수와 장양수(심장내과) 교수와 이종호(식품영양학과) 교수가 참여한 연구팀은 '당뇨병 및 관상동맥경화증 환자의 비만 특성과 항산화영양소에 관한 연구' 논문을 통해 1999년 9월 4일 다음과 같이 밝혔다.

1) 30~69세의 질병이 없는 건강한 남성 152명을 상대로 조사한 결과 술을 마시지 않는 남성은 평균 허리 엉덩이 둘레비가 0.90, 고중성지방혈증이 121㎎/dl로 나왔으며, 하루 25 g 이상의 음주자는 평균 허리 엉덩이 둘레비가 0.93, 고중성지방혈증이 241㎎/dl로 각각 조사되었다.

2) 술을 마시는 남성은 연령대, 체중, 흡연량이 같더라도 술을 마시지 않는 남성보다 복부비만이 더 심한 것으로 조사되었다.

3) 술과 담배를 과다하게 하는 남성은 같은 열량을 섭취하더라도 알콜에서 오는 열량이 많고 단백질 섭취량이 낮아 혈청 단백질 농도가 비음주 및 비흡연자(153㎎/dl)보다 낮은 112㎎/dl로 나타났다.

4) 특히, 술과 담배를 과다하게 하는 40대 남성이 체중 과다(평균 이상 체중 백분율 123%)인 경우 비만도가 같은 40대와 비교했을 때 혈청 중성지방이 216㎎/dl과 160㎎/dl, 총 콜레스테롤은 220㎎/dl과 160㎎/dl로 비교군보다 높게 나타났다. 술과 담배가 성인병의 원인이 되고 있었다.

5) 성인병을 예방하기 위해서 음주와 흡연을 함께하는 경우를 절제하고, 과일과 야채 섭취를 높이고, 생선과 살코기 같은 단백질을 적절하게 섭취해야 한다.

**박덕은 박사의 건강 상식 · 14**
술 마시기를 즐기면 복부 비만이 선물로 다가와 안긴다.

# 15
# 과일류 섭취가 낮으면

　동국대 의과대학 오상우 교수와 보건상업진흥원의 이행신 박사는 '어린이 비만 예방 및 바른 영양 실천 방안 심포지엄'에서 다음과 같은 내용의 연구를 2008년 12월 16일 발표했다.

1) 소아·청소년의 비만 인구가 과거 10년 사이에 1.7배 증가했으며, 상대적 과체중군은 비과체중군에 비해 음식물의 섭취가 많은 것으로 나타났다.

2) '상대적으로 열량과 당, 지방 함량이 높은 식품'들을 많이 섭취하는 군은 그렇지 않은 군에 비해 상대적 과체중이 될 위험이 약 2배로 높았다.

3) 과일의 섭취 빈도가 높을수록 비만 위험이 감소했다.

4) 과일에는 풍부한 영양소와 섬유소, phytochemical, 항산화 물질 등이 들어 있어, 비만 예방에 도움을 줄 뿐만 아니라 성장기 청소년들에겐 필수적인 권장 식품이다.

5) 소아·청소년들의 과일 섭취 현황은 외국에 비해 훨씬 낮으며, 경제 수준이 낮은 경우에는 그나마 더욱 낮아지는 경향을 보이고 있다.

6) 외국에서는 청소년들의 건강 증진과 비만 예방을 위해 학교에서 과일을 무상 또는 염가로 제공하는 등 다양한 정책을 시행하고 있다.

**박덕은 박사의 건강 상식 · 15**
비만에서 벗어나고 싶다면 과일 섭취의 빈도를 높여라.

# 16
# 고지방 식사를 하면

일본 와요(和洋) 여자대학의 사카모토 모토코(坂本元子) 교수는 다음과 같이 말했다.

1) 자동화 등으로 신체 활동이 줄면서 음식에서 섭취하는 칼로리는 감소했으나 지방질의 섭취 비율은 증가하는 추세다.
2) 서구식 식사 패턴과 불규칙한 음식 섭취 등으로 어린이의 비만 발생률이 1989년에는 14.8%에 이르렀다.
3) 1990년에는 일본 국민의 지방 섭취 상한선인 25%를 웃돌았다.
4) 비만은 고혈압, 고지혈 등 심장질환을 유발하고 비만에 대한 교육 효과도 더디게 나타나므로 신중한 대처가 필요하다.

**참조:** 단국대학 김을상 교수는 1992년 9월 22일 대한영양사회가 개최한 국제 학술 세미나에서 〈동북아 3국의 식생활 현황과 지방 섭취〉라는 주제로 다음과 같이 발표했다.

1) 평균적으로 한국인의 지방질 섭취는 총열량의 13.4% 정도이나, 분포 상태를 보면 20% 이상의 지방질을 섭취하는 인구가 조사 대상의 27.4%이고, 30% 이상의 지방질을 섭취하는 인구가 5%이며, 지방질 섭취량도 계속 증가하고 있다.
2) 지방질 가운데서도 동물성 지방의 섭취량이 늘어나고 있는데, 조사 대상의 50% 이상이 23.7%의 동물성 지방을 섭취하고 있었다.
3) 지방 섭취의 질적·양적인 적정선 유지를 위해 영양사, 영양학자, 보건 당국의 노력이 더욱 요구된다.

사이 로버트슨 박사가 이끄는 미국 텍사스 주 베이타운 소재 베이 에리어 재활센터 연구팀은 4~7세 어린이들의 체내 지방을 조사했다. 4년간 매년 여름에 지방의 양이 과다하게 늘어난 어린이들의 식사와 음식 습관을 그렇지 않은 어린이들과 비교했다. 이 연구 결과는 1999년 8월 11일 〈미국 다이어트 협회 저널〉에 발표되었다.

1) 어린이 비만을 예방하는 프로그램은 4세부터 어린이들의 식단에 지방질 섭취와 관련된 것을 목표로 삼을 경우 성공을 거둘 수 있다.
2) 체내 지방이 가장 많이 늘어난 어린이는 지방이 덜 늘어난 어린이보다 지방과 단백질 섭취가 더 많은 것으로 조사되었다.


대만 대북(臺北)영양사회의 츠왕레치(章樂綺) 회장은 다음과 같이 말했다.

1) 생활수준이 높아지면서 지방과 콜레스테롤의 섭취량이 현저히 증가해 심장병과 암으로 인한 사망률도 증가하고 있다.
2) 탄수화물의 소비를 높이고 지방 섭취를 줄이도록 해야 한다.
3) 대만의 가장 큰 영양 문제는 비만으로, 이는 단지 성인에만 국한되지 않는다.
4) 1950년대에는 실질적인 비만 아동이 없었으나, 1990년대에는 10~15세 학령기 아동의 10~16%가 비만이다.


한편 한국 영양학회는 육류에 치중하지 말고 생선과 콩 등으로부터 필수지방산 섭취의 균형을 유지하면서 지방질에서 총열량의 20%를 섭취하고 당질 식품에서 65%, 단백질 식품에서 15% 정도의 열량을 얻도록 권장하고 있다.

생체시계는 신체 대사와 관련한 효소와 호르몬을 조절하며 이 시계가 고장나면 호르몬 불균형, 수면 장애, 비만, 암 등의 위험을 높이는 것으로 알려져 있다.

오렌 프로이 교수가 이끄는 이스라엘 예루살렘의 히브리 대학 연구팀은 쥐를 대상으로 고지방 음식과 생체시계와의 상관관계를 살펴봤다. 연구팀은 쥐를 세 그룹으로 나누어 한 그룹에는 저지방 먹이, 다른 그룹에는 고지방 먹이를 주고, 나머지 한 그룹에겐 아무 것도 먹이지 않았다. 이와 함께 간에서 포도당과 지질의 대사과정에 관여하는 호르몬 '아디포넥틴'이 어떻게 분비되는지를 조사한 결과를 발표했다.

이는 〈내분비학(Endocrinology)저널〉(2009년 1월호)에 게재되었으며, 유럽 의학 논문 소개 사이트 〈알파갈릴레오〉, 미국 온라인 과학 뉴스 〈사이언스 데일리〉 등에 2009년 1월 1일 보도되었다.

1) 저지방 먹이를 먹은 쥐들은 보통 때와 같은 시간에 아디포넥틴의 활동 시스템이 가동되었다.

2) 고지방 먹이를 먹은 쥐는 아디포넥틴의 가동이 지연되었고 금식한 쥐는 빨랐다.

3) 고지방 먹이를 먹은 쥐는 'AMPK(체내 지방산 대사와 관계있는 효소)'라는 효소가 줄어들었으며 금식한 쥐는 증가했다.

4) 고지방 먹이를 먹거나 금식을 하면 아디포넥틴 신호 경로나 AMPK 수치가 흐트러져 생체리듬이 깨졌다.

5) 치킨이나 튀김 등 기름기가 많은 음식을 과식하면 살이 찔 뿐 아니라 생체시계가 고장난다.

6) 향후 고지방 음식이 혈압 수치와 수면, 각성 주기 등 다른 신진대사와도 연관돼 있는지 추가 연구가 필요하다.


앤드류 머레이 교수가 이끄는 영국 케임브리지 대학 연구팀은 실험용 쥐를 두 그룹으로 나눠 한쪽에는 전체 칼로리의 7.5%만 지방으로 채운 건강식을, 나머지 그룹에는 섭취 칼로리의 55%를 지방으로 채운 고지방 먹이를 열흘간 주면서 변화를 조사했다. 이 연구 결과는 〈미국 실험생물학회 학회지(FASEB Journal)〉(2009년 8월호)에 발표되었으며, 미국 과학 논문 소개 사이트 〈유레칼러트〉, 온라인

과학 뉴스 〈사이언스 데일리〉 등에 2009년 8월 12일 보도되었다.

1) 고지방 먹이를 먹은 쥐는 4일째부터 변화가 나타나기 시작했는데, 근육에서 산소를 이용하는 효율이 떨어지면서 몸이 둔해졌다. 이는 에너지를 생산하는 세포 속 미토콘드리아에서 '결합 저지 단백질3'이라는 물질이 늘어났기 때문인 것으로 확인되었다.
2) 근육의 에너지 효율이 떨어짐에 따라 심장은 더 많은 혈액을 근육에 공급하기 위해 심장 크기가 커지는 부작용도 일어났다.
3) 9일째가 되자 7.5%의 지방 먹이를 먹은 쥐의 뇌에서도 이상이 나타나기 시작했다. 단기 기억력이 떨어지면서 미로를 통과하는 데 실수를 더 많이 했고 시간도 오래 걸렸다. 고지방 음식이 건망증을 생기도록 한 것이었다.
4) 기름진 음식을 오래 먹으면 비만, 당뇨, 심장병 위험이 높아진다는 것은 많은 사람들이 알지만, 이번 실험으로 며칠만이라도 계속 고지방 음식을 먹으면 바로 뇌와 근육에 이상이 일어난다는 사실이 확인되었다.

스웨덴 살그렌스카 아카데미(Sahlgrenska Academy) 연구팀은 장기간 라드(lard)라는 동물성 기름을 바탕으로 한 먹이를 먹은 쥐들을 조사 분석했다. 이 연구 결과는 2009년 12월 11일 언론에 보도되었다.

1) 기름진 먹이를 장기간 섭취한 실험용 쥐들은 혈액 내 세균과 대항하는 면역력이 크게 약화되었다. 즉, 기름기가 많은 식품이 체내 면역계를 약화시킬 수 있는 것으로 나타났다
2) 저지방식을 장기간 섭취한 쥐들과 비교해 보면, 살이 더 쪘으며 체내 면역계 활성 역시 크게 저하된 것으로 조사되었다.
3) 비만은 대개 감염에 의해 유발되지 않는 염증과 연관된 경우가 많은데 고지방식으로 인해 체내 염증 기전이 불필요하게 활성화되어 비만해졌다.
4) 고지방식을 한 쥐들의 면역계가 덜 활성화되는 것으로 나타나 감염, 특히 수술과 연관된 감염이 발병할 위험이 크다.

조슈아 테일러 교수가 이끄는 미국 시애틀의 워싱턴 대학 연구팀은 생쥐와 들쥐 집단에게 고지방 먹이를 하루에서 8개월에 이르는 다양한 기간 동안 제공한 후 뇌의 생화학적 반응과 세포를 분석한 연

구 결과를 발표했다. 이는 미국 보스톤에서 열린 '내분비학회' 제93차 연례 학회에서 발표되었으며, 과학사이트 〈사이언스 데일리〉, 과학 논문 소개 사이트 〈유레칼러트〉 등에 2011년 6월 8일 보도되었다.

1) 고지방 식사를 하면 뇌에서 체중 조절을 담당하는 신경세포들이 급속하게 손상될 가능성이 크다.

2) 고지방 먹이를 먹은 쥐들은 모두 체중이 늘었으며 이른 시기에 체중 조절을 관장하는 시상하부에 염증이 생겼다.

3) 염증은 며칠이 지나면서 사라졌지만 그로부터 4주가 지나자 다시 발생했다.

4) 염증 부위에는 신경을 보호하고 영양을 공급해 주는 세포와 죽은 조직과 이물질을 청소해주는 세포들이 쌓이고 활성화되었다.

5) '신경교증'이라 불리는 이 염증은 뇌졸중과 다발성경화증으로 뇌세포가 손상되었을 때 나타나는 일반적인 회복 반응인데 고지방 먹이를 먹을 때에도 나타났다.

6) 고지방 먹이를 먹은 지 8개월이 지나자 쥐의 시상하부에서 체중을 조절하는 데 핵심적인 역할을 하는 POMC(pro-opiomelanocortin)라는 신경세포의 수가 줄어든 것이 발견되었다.

7) POMC는 체지방을 일정하게 유지하는 호르몬인 렙틴에 반응해 식욕을 낮추며 신체를 더 많이 움직이도록 만든다.

8) 이런 현상은 일반적인 사료를 먹인 들쥐에서는 나타나지 않았다.

9) 이 같은 손상이 얼마나 오랫동안 지속되는지 확실치 않지만 그 자체로 체중을 증가시킬 가능성이 컸다.

10) 뚱뚱한 사람이 몸무게를 줄이기 어려운 것은 이러한 뇌세포 손상 때문일 가능성이 있다.

11) 앞으로 과식에 따른 신경 손상을 막을 신약이 개발된다면 비만과의 싸움에서 효과적일 수 있다.


이미 체내에서 지방산이 들러붙는 단백질 'GPR 120'을 발견한 바 있는 일본 삼경도(三京都) 대학 연구팀은 이번에 이 단백질을 만드는 유전자를 조작한 쥐 40마리와 보통 쥐 40마리를 상호 비교 조사했다. 이 연구 결과는 2012년 2월 20일 〈네이처〉 온라인판에 발표되었다.

1) 지방을 많이 섭취하면 비만 체질로 변하기 쉽다는 원인 유전자를 발견했다.

2) 지방 성분이 13% 정도 되는 적은 먹이에서는 차이가 나타나지 않았으나, 60%의 먹이를 먹였을 경우에는 유전자 조작 쥐의 체중이 15% 더 나간 것으로 나타났다.

3) 피하지방의 무게는 1.5배, 내장지방과 간의 무게는 1.9배로 높게 나타나 유전자의 효과를 확인할 수 있었다.

4) 고지방식이 비만을 부를 뿐 아니라 지방간을 유발시키는 것 같다.

5) 사람에게도 이와 같은 유전자가 있어, 비만의 예방이나 치료약의 개발을 기대할 수 있다.


유럽에서 약 15,000명의 비만 유전자를 조사한 결과는 다음과 같았다.


1) 약 3%에서 'GPR 120'의 일부가 변이를 보인 것으로 나타난 바 있다.

2) 이들은 정상인에 비해 비만 발병 위험이 1.6배나 높았다.


매티아스 취웝 교수가 이끄는 미국 신시내티 대학 연구팀은 지방과 GOAT의 관계를 확인하기 위해 유전자 조작을 통해 GOAT가 많은 쥐와 적은 쥐를 만들어 놓고, 두 집단에게 지방이 풍부한 음식을 먹인 후의 결과를 분석하여 발표했다. 이는 〈네이처 메디신(Nature Medicine)〉 온라인판에 2009년 6월에 실렸으며, 미국 의학 논문 소개 사이트 〈유레칼러트〉, 온라인 과학 뉴스 〈사이언스 데일리〉 등에는 2009년 6월 5일 보도되었다.


1) 기름진 음식을 먹으면 허기를 느끼는 호르몬을 자극시켜 식욕이 당긴다.

2) 기름진 음식을 먹으면 위(胃)에서 아실화 과정을 맡는 '그렐린 O-아실 전이효소(ghrelin O-acyl transferase, GOAT)'가 많아져 그렐린이 더 잘 활성화되었다.

3) 그렐린은 식욕을 촉진하기 때문에 '허기 호르몬', 또는 '식탐 호르몬'이라고도 불리는데, 이 호르몬은 지방산이 추가되는 '아실화 과정'을 통해 활성화되어 신체에 지방을 쌓고 궁극적으로 비만을 유발했다.

4) GOAT가 적은 쥐는 지방을 덜 축적했고, GOAT가 많은 쥐는 지방을 더 축적했다.

5) GOAT는 뇌에 '지방이 여기에 있으니 저장하라'고 신호를 보내면서 그렐린 분비를 촉진하는데, GOAT가 적은 쥐는 이 신호를 덜 보내 지방을 적게 축적했다.

6) GOAT는 지방산이 많으면 활성화되는데 지방산이 많아지려면 지방을 많이 섭취해야 한다.

7) 지방 섭취를 제한하면 GOAT의 활성화가 방해받고 이에 따라 그렐린이 덜 분비된다.

8) 기름진 음식을 먹지 않으면 그렐린은 비활성화되고 지방의 저장에 영향을 미치지 않을 것이다.

9) 앞으로는 그렐린 자체가 아니라 그렐린 활성 과정에 역할을 하는 GOAT에 초점을 맞춘 연구가 진행될 것이다.


**참조:** 삼겹살의 지방에 녹아 있을 수 있는 환경호르몬이 몸에 들어올 수 있으므로 주의해야 한다. 또한 삼겹살 같은 고기를 굽다가 태운 부분에는 헤테로사이클릭 아민과 방향성 탄화수소 같은 발암물질이 생성되는데, 이런 발암물질들은 인체의 DNA를 변형시켜 암을 일으킬 수 있다. 그러므로 탄 부분이나 지방질을 잘라내고 먹어야 한다.


리셋클리닉 박용우(비만 치료 전문의) 원장의 한마디.

"돼지의 살을 빨리 찌우기 위해 항생제나 성장촉진제를 먹이기도 한다. 더욱 문제가 되는 것은 잔류 농약이나 다이옥신 같은 환경호르몬이 지용성이라 돼지비계에 녹아 있기 쉽다는 점이다. 돼지비계를 많이 먹다 보면 이러한 지용성 유해 물질을 많이 먹게 될 수도 있다. 그래서 삼겹살을 먹되 지방 부분은 잘라내고 먹는 게 좋다."


연세대 세브란스병원 가정의학과 강희철 교수의 한마디.

"삼겹살은 적게 먹을수록 좋으므로, 1인분(200g) 이상을 넘기지 않도록 해야 한다. 단백질이나 지방질을 보충하기 위해서라면 삼겹살을 먹어도 되지만, 당뇨병이나 고혈압 등 만성 질환이 있는 사람은 섭취에 좀더 주의해야 한다."

서울대 대학병원 외래영양상담실 주달래 영양사의 한마디.

"돼지고기를 좋아하더라도 삼겹살보다 기름기가 적은 목살 부위를 고르고, 요리할 때는 지방질을 제거하고, 굽기보다는 삶아서 기름기를 더욱 많이 빼는 것이 좋다."

**박덕은 박사의 건강 상식 · 16**
고지방과 콜레스테롤의 섭취량을 줄이는 게 건강 비법이다.

# 17
# 동물성 식품을 많이 먹으면

질병관리본부가 2008년 하반기에 전국의 남녀 4,000여 명을 대상으로 영양조사를 진행해 2009년 1월 5일 발표한 '2007년 국민건강영양조사'의 주요 내용은 다음과 같았다.

1) 한국인 1인당 하루 평균 식품 섭취량은 1,283g이다.

2) 식생활의 서구화로 동물성 식품 섭취 비율이 40년 사이에 6배가 늘어난 것으로 나타났다.

3) 이 중 채소나 과일, 곡물 등 식물성 식품은 1,027g으로 전체의 80.7%를, 육류와 생선을 포함한 동물성 식품은 256g으로 19.7%를 차지했다.

4) 식물성 식품과 동물성 식품을 8대 2의 비율로 섭취했지만, 2008년 동물성 식품 섭취 비율은 국민건강영양조사가 시작된 1969년의 3%보다 6배 가량 높아진 것으로 나타났다.

5) 식품 섭취량이 가장 많은 연령대는 30, 40대로 이 연령대가 가장 비만이 되기 쉬운 것으로 분석되었다.

6) 동물성 식품을 먹는 비율은 연령이 낮을수록 높았다. 동물성 식품을 가장 많이 먹는 연령대는 우유나 분유를 먹는 1~2세 유아로, 하루 음식 섭취량 중 동물성 식품이 38.5%를 차지했다. 동물성 식품 섭취가 가장 낮은 연령대는 65세 이상 노인층으로 11.1%에 불과했다.

7) 성별로는 남성이 여성보다 동물성 식품을 많이 먹었다. 남성의 육류 섭취는 연간 121.5g으로 여성 65.9kg의 두 배 정도였다.

8) 식품군별 섭취량은 채소가 하루 평균 287.5g으로 가장 많았고, 곡류(283g), 과실류(175.7g) 등이 그 뒤를 이었다.

9) 동물성 식품 섭취량은 육류가 93.9g으로 가장 많았고, 우유류(88.6g), 어패류(52.0g) 등이 그 뒤를 이었다.

10) 한국인은 소득과 연령에 상관없이 대개 짜게 음식을 먹는 것으로 나타났다. 나트륨

은 권장 섭취량 2,000mg의 3배 이상을 먹는 반면, 필수영양소인 칼슘 섭취량은 권장량
에 못 미치는 것으로 나타났다.

11) 한국인은 하루 평균 에너지 섭취량의 67%를 탄수화물에서 얻었으며, 지방 18.4%,
단백질 14.7% 순서였다.

12) 에너지 필요량에 대비한 섭취 비율은 남성이 92%, 여성이 82.9%로 필요한 에너지
보다 섭취하는 에너지가 약간 적었다.

## 박덕은 박사의 건강 상식 · 17

식물성 식품을 동물성 식품보다 훨씬 더 많이 섭취하자.

# 18
# 삼겹살을 많이 먹으면

　돼지고기는 중요한 단백질 공급원일 뿐만 아니라 피로, 신경과민 회복에 도움이 되는 비타민B1이 육류 중에서 가장 많고, 철분도 풍부해 빈혈 예방에도 좋은 음식이다. 그러나, 삼겹살은 다른 육류와 비교했을 때 칼로리가 2배 이상 높다.

　100g당 칼로리는 삼겹살이 331kcal로, 돼지목살 180kcal, 쇠고기등심 192kcal, 닭가슴살 102kcal보다 훨씬 높다. 그리고, 단백질은 100g당 삼겹살 17.2g, 돼지목살 20.2g, 쇠고기등심 20.1g, 닭가슴살 23.3g이다. 반면 지방은 삼겹살 28.4g, 돼지목살 9.5g, 쇠고기등심 11.3g, 닭가슴살 0.4g으로, 삼겹살의 지방 함량은 닭가슴살의 71배, 쇠고기등심의 2.5배나 된다.

　리셋클리닉 박용우(비만 치료 전문의) 원장의 한마디.

　"삼겹살은 쇠고기에 비해 가격이 싼 반면 단백질이 풍부해 서민의 훌륭한 단백질 공급원이었다. 문제는 이름 그대로 살이 삼겹이지만 지방도 삼겹이라 '삼겹지방'으로 불러도 좋을 정도로 포화지방과 콜레스테롤이 너무 많다는 점이다. 이러한 지방 과다 때문에 삼겹살을 자주 먹으면 동맥경화, 심근경색, 고지혈증, 협심증, 뇌중풍, 비만 등의 원인이 될 수 있다."

　서울대 대학병원 외래영양상담실의 주달래 영양사의 한마디.

　"삼겹살에 소주를 곁들여 먹고 밥까지 한 공기 비우면 너무 많은 칼로리를 섭취하게 된다. 한국 성인의 하루 권장 섭취 칼로리가 2,000kcal인데, 삼겹살 1인분(662kcal)에 소주 한 병(510kcal), 공기밥 1공기(300kcal)까지 비운다면 전체 열량이 1,472kcal나 돼, 하루 필요 열량의 대부분을 섭취하는 꼴이 된다. 삼겹살은 일반적으로 늦은 저녁 시간에 먹기에 열량이 미치는 효과는 더욱 극대화되기 쉽다. 이렇게 많은 열량을 섭취하면 남는 열량이 중성지방으로 전환되어 복부에 집중적으로 쌓이게 되고, 비알코올성 지방간이 생길 수 있다."

**박덕은 박사의 건강 상식 · 18**

동맥경화, 심근경색, 고지혈증, 협심증, 뇌중풍, 비만 등의 원인이 되는 삼겹살을 가급적 먹지 말자.

# 19
# 음식을 빨리 먹으면

히로야스 아이소 교수가 이끄는 일본 오사카 대학 연구팀은 2003년부터 2006년까지 30~69세 일본인 성인 3,200명을 대상으로 식사 습관을 조사한 연구 결과를 발표했다. 이는 〈영국 의학 저널(British Medical Journal)〉 온라인판에 2008년 10월 21일자로 게재되었으며, 영국 일간지 〈데일리메일〉 온라인판에는 2008년 10월 22일 보도되었다.

1) 빨리 먹는 사람은 과체중이 될 가능성이 천천히 먹는 사람보다 3배나 높았다.

2) 빨리 먹으면 살찌기 쉬운 이유는 더욱 많은 양을 먹게 되기 때문이다.

3) 사람이 포만감을 느끼는 것은 위장 등 소화기관의 작용이 아니라 뇌의 작용이다.

4) 어느 정도 양을 먹으면 이 신호가 뇌로 전달되면서 뇌가 "이제 그만 먹어도 되겠다"는 판단을 내리고 몸에 명령을 내린다.

5) 급히 음식을 먹어대면 뇌가 이 같은 '포만 명령'을 내릴 시간적 여유가 충분치 않기 때문에 포만감을 느낄 때까지 더욱 많은 양의 음식을 빨리 먹어치우게 된다.

6) 현대인의 잘못된 식습관이 '배가 부를 때까지 빨리 먹어치우는' 사람의 숫자를 늘리고 있다.

7) 연구에 참여한 대상자들 중 남성의 50%, 여성의 58%가 '포만감을 느낄 때까지 음식을 먹는 편'이라고 대답했다. 그리고, '빨리 먹는 편'이라는 질문에는 남성의 절반 이하, 여성의 3분의 1이 '그렇다'고 대답했다.

8) 식습관과 비만과의 관계를 비교한 결과, '배부를 때까지 빨리 먹는다'고 답한 사람들의 과체중 비율은 '배가 부를 때까지 빨리 먹지 않는다'는 사람들보다 3배나 높게 나타났다.

9) 음식을 빨리, 더 많이 먹고, 소파에 퍼질러 앉아 TV를 보면서 끊임없이 음식을 먹어대는 이른바 '포테이토 카우치(potato couch)' 현상 등이 비만을 부추기고 있다.

10) 현대인의 생활 패턴 변화로 가족과 함께 대화를 나누며 천천히 식사하는 습관이 사

라지고 있는 것도 위험 요소다.

올바른 식사법에 대한 연구팀의 조언은 다음과 같았다.

1) 위에서 음식을 받아들인 뒤 뇌가 포만감을 느끼기까지는 약 20분이 걸리므로 천천히 씹어 먹자.
2) 음식을 오래 씹을수록 포만감을 더 잘 느낄 수 있다. 입안에서 음식을 20번 이상 씹어 먹자.
3) 타액이 나오면서 소화 과정이 시작되므로, 음식을 으깨 소화가 될 수 있도록 꼭꼭 씹어 먹자.
4) 뇌가 음식에 대한 신호를 받아들일 수 있도록 TV나 독서를 하면서 식사하지 말자.

**박덕은 박사의 건강 상식 · 19**
과체중이 싫으면, 되도록 천천히 식사를 하자.

# 20
# 아침을 거르면

마크 페레이라 교수가 이끄는 미국 미네소타 대학 연구팀은 10대 청소년 2,216명을 대상으로 1998~1999년, 2003~2004년 두 차례에 걸쳐 연구 대상자의 식습관, 키, 몸무게, 체질량 지수(비만도를 나타내는 지수), 육체 활동 등을 설문 조사했다. 이 연구 결과는 〈소아학지(Pediatrics)〉(2008년 3월호)에 발표되었다.

1) 5년 사이에 아침 식사를 거르는 청소년이 챙겨 먹는 청소년보다 평균 체중이 2.3kg 더 증가했다.

2) 1차 조사에서는 아침 식사를 거르는 여학생이 남학생보다 더 많았지만, 5년 후에는 아침 식사를 하는 남학생의 비율이 17% 감소했다.

3) 2차 조사에서는 아침을 거르는 남학생이 18.9%, 여학생이 13.8%인 것으로 나타났다.

4) 아침 식사를 거르면 배가 고플 때 고열량의 주전부리로 배를 채우는 일이 잦아 살이 찌게 된다.

5) 청소년 비만은 성인 비만으로 이어져 각종 성인병을 일으키는 원인이 되기 때문에 청소년 시기에 아침 식사를 거르지 않는 것이 중요하다.

6) 비만한 청소년은 정상 체중의 청소년보다 뼈나 관절이 약하고, 수면무호흡증에 시달리며, 심리적인 고민에 시달릴 위험이 높다.

헤더 조쉬 교수가 이끄는 영국 런던 대학 연구팀은 5세 어린이 15,000여 명을 대상으로 아침을 거르는 것과 비만 가능성에 대해 조사했다. 이 연구 결과는 영국의 일간지 〈텔레그래프〉, 〈데일리메일〉 온라인판 등에 2008년 10월 17일 보도되었다.

1) 아침 식사를 하지 않으면 성인, 어린이 할 것 없이 점심 전에 허기가 져서 지방과 당분 함유량이 높은 식품으로 군것질할 경향이 더 높았다.

2) 5세 어린이들의 몸무게와 비만 정도를 조사한 결과 비만 어린이들 가운데 아침 식사를 거르는 경우는 정상 체중 어린이보다 두 배나 높았다.

3) 아침 식사 이외에 점심과 저녁을 제 시간에 챙겨 먹느냐 그렇지 않느냐는 비만도와 상관이 없는 것으로 나타났다.

4) 5세 어린이의 비만도에 엄마의 학력도 유의미한 영향을 미쳤는데, 대졸 엄마를 둔 어린이의 비만율은 3%였지만, 그렇지 않은 어린이의 비만율은 8%로 큰 차이를 보였다.

5) 부모 모두가 무직인 가정의 어린이는 부모 모두가 일하는 가정에 비해 아침을 거르는 경우가 3배나 높았다.

6) 부모가 무력감에 빠질 경우 가정의 질서가 흐트러지면서 어린이들이 불규칙한 식생활에 노출될 확률이 높다.

7) 가정의 경제적 형편에 따른 큰 차이는 발견되지 않았다. 가난한 가정의 어린이들이라고 반드시 식사를 불규칙하게 하지는 않았으며, 결과적으로 비만도에서도 큰 차이가 없었다.


## 국제 비만포럼의 회장 콜린 웨인 박사도 한마디.

1) 아침 식사로 하루를 활기차게 시작하는 것이 최고다.
2) 아침을 챙겨 주는 어머니의 정성이 아이의 비만 확률을 줄여주고 학교 성적도 높여준다.


## 한림대 대학병원 가정의학과 최민규 교수도 한마디.

1) 아침 식사뿐만 아니라 점심이나 저녁 식사도 거르면 오히려 살이 더 찐다.
2) 식사를 하면 먹은 것을 소화하기 위해 에너지 소비량이 많아진다.
3) 칼로리가 소모되는 과정에서 체온이 올라가고 장운동이 활발해지면서 체내에 잉여 에너지가 축적되는 것을 막아줘 제때 식사를 하면 살이 찌지 않는다.
4) 한 끼니를 거른 다음에 식사할 때, 보상 심리 때문에 폭식을 하는 경향이 있다.
5) 아침, 점심, 저녁의 전체 식사량을 조금씩 줄여, 하루 식사를 4끼로 나눠서 먹으면 3끼로 나눠서 식사하는 것보다 더욱 건강에 좋다.

**박덕은 박사의 건강 상식 · 20**

아침 식사를 거르는 것보다 챙겨 먹는 쪽이 체중을 더 줄일 수 있다.

# 21

## 야식을 하면

밤에 섭취한 칼로리는 제대로 소비하지 못하기 때문에 바로 살로 연결될 수밖에 없다. 음식물이 위에 남아 있는 상태에서 잠을 자면 신진대사가 떨어져 위장장애, 위염, 역류성 식도염 등 위장 기능에 문제가 생길 수 있다.

저녁 7시 이후의 식사량이 하루 전체 칼로리의 50% 이상을 차지하는 증상이 지속적으로 반복되는 것을 야식증후군이라고 한다. 비만처럼 야식증후군도 '질병'이다. 야식을 찾는 습관이 몸에 배면 바꾸기도 힘들고 몸에 생기는 부작용도 만만치 않다. 정상적인 사람은 밤이 되면 식욕을 억제하는 호르몬인 렙틴이 분비되지만 야식증후군이 있는 사람은 렙틴 대신 스트레스호르몬인 코르티솔이 분비된다.

밤에 음식을 먹고 자 아침에 얼굴이 붓는 것은 야식에 들어 있는 염분, 즉 나트륨 때문이다. 세포의 나트륨 농도가 올라가면 세포 농도를 맞추기 위해 삼투압 작용이 일어나고 세포가 수분을 계속 빨아들이게 된다. 세포 하나하나의 크기가 커지는 것이다.

야식을 할 필요가 있을 경우에는 맛보다는 칼로리나 혈당 수치를 낮추면서 허기를 면하는 데 중점을 둬야 한다. 가령, 인스턴트식품이나 배달 음식보다는 섬유질이 많은 채소나 과일, 칼로리가 낮은 식재료를 선택하는 것이 좋다. 특히 과일은 다른 음식에 비해 인슐린 분비량이 1/3 수준이기 때문에 혈당에도 별 영향을 주지 않고 신진대사에도 큰 무리를 주지 않아 야식으로 적당하다. 무언가를 야식으로 하고 싶다면 칼로리는 낮지만 포만감을 주는 오이나 당근 같은 채소를 오래 씹는 것도 도움이 된다.

성균관대 의과대학 강북삼성병원 비만체형관리클리닉 이수옥 간호사 연구팀은 2004년 9월부터 2005년 8월까지 강북삼성병원 비만클리닉을 처음 방문한 성인 516명(남 141명, 여 375명)을 대상으로 식생활 태도를 조사했다. 이 연구 결과는 2006년 11월 30일 언론에 보도되었다.

1) 오후 7시 이후에 하루 열량의 50% 이상을 섭취하는 야식 습관을 가진 사람들이 40%로 나타났다.
2) 한 번에 많은 양의 음식을 먹는 폭식 습관이 있는 사람들은 14%에 그쳤다.
3) 폭식 습관은 남성이 14.9%(21명), 여성이 13.9%(52명)였고, 야식 습관은 남성이 41.1%(58명), 여성은 39.7%(149명)였다.
4) 폭식 습관과 야식 습관을 가진 사람들은 체질량 지수 30(25 이상이면 비만) 이상인 사람에게서 많이 나타났다.
5) 폭식 습관과 야식 습관을 가진 사람들은 주 3회 이상 과식하고, 남들보다 1회 섭취량이 많았으며 10분 이내에 먹는 식습관을 가진 것으로 조사되었다.
6) 폭식자는 아이스크림, 탄산음료, 가공식품 등을 주로 먹는 식습관이 있었으며, 야식자는 단백질 섭취가 적으면서 짜고 지방이 많은 육류나 튀김을 더 많이 먹었다.

신경생물학자 프레드 투렉 교수가 이끄는 미국 노스웨스턴 대학 연구팀은 쥐를 두 그룹으로 나눠 고지방 먹이를 한쪽에는 낮시간에, 다른 쪽에는 사람으로 치면 자정쯤 되는 시간에 먹도록 한 결과를 분석하여 발표했다. 이는 〈비만(Obesity)〉지(2009년 9월호)에 실렸으며, 미국 일간지 〈뉴욕타임스〉, 영국 일간지 〈텔레그라프〉 인터넷판 등에 2009년 9월 3일 보도되었다.

1) 먹는 시간이 살찌는 데 직접적인 영향을 미쳤다.
2) 6개월 뒤 쥐들의 체중을 비교해 보니 낮에 먹은 쥐들은 20% 증가한 반면, 밤에 먹은

쥐들은 48%나 증가한 것으로 나타났다.

3) 이는 생체리듬 때문인데, 낮에는 신진대사가 활발하지만 밤에는 그 속도가 느려 섭취한 칼로리가 충분히 연소되지 못하고 지방으로 전환되어 몸에 쌓이게 된다.

4) 아침 식사는 왕처럼, 점심은 왕자처럼, 저녁은 거지처럼 먹어라, 8시 이후에는 지방이나 탄수화물 음식을 먹지 말라는 말이 맞다.

5) 낮과 밤을 바꿔 일하는 스튜어디스, 간호사가 살찌기 쉬운 이유를 알 수 있다.

6) 먹는 내용과 함께 먹는 시간도 체중 관리에 중요하다.

## 인제대학 백병원 가정의학과 강재헌 교수의 한마디.

1) 똑같은 열량을 먹어도 저녁, 점심, 아침 순으로 열량이 많게 먹는 사람이 아침, 점심, 저녁 순으로 열량이 많게 먹는 사람보다 살이 더 찐다는 연구 결과도 있다.

2) 아침, 점심에 먹는 식사는 활동량이 많은 낮에 에너지원으로 사용되기 때문에 다소 많이 먹어도 별 상관이 없지만, 밤에 많이 먹는 것이 특히 문제가 된다.

## **참조:** 연세대학 세브란스병원 가정의학과 이지원 교수의 한마디.

1) 밤에 음식을 먹으면 소화가 잘 되지 않는 것은 물론 수면호르몬인 멜라토닌 분비에도 영향을 줘 충분한 수면 상태를 유지하지 못하게 된다.

2) 야식을 즐기는 사람들은 불면증이나 만성피로를 겪을 수도 있다.

3) 처음부터 야식을 끊기보다는 칼로리가 낮은 음식으로 바꾸고 양을 점점 줄여가는 것이 야식증후군에서 벗어날 수 있는 방법이다.

## 리셋클리닉 박용우(비만 치료 전문의) 원장의 한마디.

1) 야식증후군은 몸의 조절 기능 이상으로 생길 수 있는 병이다.

2) 아침 식사 후 4시간 마다 점심, 간식, 저녁을 먹으면 밤에 배가 고프지 않는 것이 정상이다.

3) 삶의 질에 대한 관심이 높아지면서 채식, 소식, 운동 등으로 건강을 지키려는 사람들이 늘고 있지만 비만 환자는 10년 사이에 20%나 증가했다.

4) 많은 사람들이 비만이나 야식증후군을 질병으로 생각하지 않고 단순히 생활 습관만 개선하면 되는 줄로 알고 있다.

5) 야식증후군도 비만처럼 질병으로 인해 나타나는 증상이다.

6) 밤에 뭐를 먹는 것을 단순히 식탐이 많아서, 의지력이 약해서라고 보는 것은 몸에 대한 문제를 너무 단순하게 보기 때문이다.

7) 망가진 신체 조절 기능을 회복하는 것이 우선이다.

8) 폭식과 야식 습관을 보인다고 해서 섭식장애인 '폭식증'과 '야간식이증후군'으로 진단할 수는 없지만, 이러한 잘못된 식습관이 있는 사람들은 치료가 필요한 섭식장애로 이어질 가능성이 큰 만큼 주의가 필요하다.

**박덕은 박사의 건강 상식 · 21**
밤에 하는 식사는 비만의 지름길이다.

# 22
# 과식하게 되면

신경내분비학 전공 제인 앤드루스 교수가 이끄는 호주 모나시대 의과대학 생리학과 연구팀은 나이가 들어감에 따라 뇌에 있는 식욕억제세포가 퇴화되는지 여부를 조사했다. 이 연구 결과는 영국의 권위 있는 과학 잡지 〈네이처(Nature)〉(2008년 8월호)에 발표되었으며, 미국 과학 논문 소개 사이트 〈유레칼러트〉에 2008년 8월 21일 보도되었다.

1) 나이가 들어감에 따라 뇌에 있는 식욕억제세포가 퇴화돼 배고픔을 더 많이 느끼게 되고 더 많이 먹게 되었다.

2) 음식을 소화시키는 과정에서 발생하는 활성산소가 식욕을 억제하는 뇌 속 세포를 공격해 훼손시켰다.

3) 식욕억제세포의 퇴화 과정은 탄수화물과 당분이 많이 들어 있는 음식을 먹을 때 더 활발히 일어났다.

4) 25~50세 연령대에서 과식을 억제하는 신경세포가 점점 줄어들었다.

5) 25~50세 연령대는 살찌기가 가장 쉬운 나이이므로 과식하지 말아야 한다.

6) 최근 20~30년 사이에 탄수화물과 당분이 듬뿍 들어 있는 음식이 널리 유행하게 되었고 그로 인해 식욕억제세포의 퇴화가 일어나 비만이 급속히 확산되었다.

7) 위장이 비어 있으면 허기를 느끼게 하는 호르몬인 그렐린이 분비되고, 배가 부르면 식욕을 줄이는 POMC라는 뇌 속 신경세포가 작동한다.

8) 활성산소가 POMC 세포를 공격해 식욕억제세포가 손상되면 허기를 느끼는 신호와 배가 불러 먹는 것을 멈추도록 뇌에 보내는 신호 사이의 균형이 깨지게 된다.

9) 탄수화물과 당분을 많이 먹을수록 식욕억제세포는 더 많이 손상되고, 식욕억제세포가 제대로 작동하지 않아 결국 더 많이 먹게 되는 악순환을 반복하게 된다.

10) 식욕억제세포가 줄어드는 것은 성인이 되어 뚱뚱해지는 이유 중 하나에 속한다.

소비 칼로리는 거의 일정한데 섭취 칼로리가 많으면 저장 칼로리가 증가하여 체지방이 늘게 된다. 섭취 칼로리를 높이는 것은 과식이다. 과식의 원인은 다음과 같다.

1) 포만감을 느끼는 set-point의 상승이다. 시상하부에는 포만중추와 섭식중추가 있는데 포만중추는 음식물 섭취로 인한 위 확장, 혈중 포도당 수치의 상승, 인슐린 및 베타교감신경 자극에 의해 활성화되어 섭식중추를 억제한다. 포만감을 느껴 섭식중추의 작용을 억제하는 가장 중요한 신호인 혈당수치가 정상 이상으로 상승해 올 경우 과식을 할 가능성이 크다.

2) 인슐린분비과잉(고인슐린증)이다. 인슐린은 섭식중추를 직접적으로 자극하여 음식물 섭취량을 증가시키고 지방조직에서의 지방 합성을 촉진한다. 비만이 되면 식후뿐만이 아니라 공복 시에도 고인슐린 상태가 발생한다. 그런데 비만일 때는 이런 고인슐린증이 나타나지만, 비만을 해소하면 고인슐린증도 없어지므로 고인슐린증은 비만 원인이라기보다 비만에 부수되는 이차적인 현상이다.

3) 뇌내의 섭식에 관계하는 펩타이드계 호르몬 중 특히 섭식 억제 작용을 하는 콜레시스토키닌의 분비 부족으로 과식을 할 가능성이 크다.

4) 스트레스이다. 먹는 것으로 스트레스를 해소하려는 경향 또는 정신과질환(대식증)으로 과식을 할 가능성이 크다.

5) 영양소의 불균형적인 섭취이다. 체내에 필요한 영양소가 골고루 섭취되지 않기 때문에 계속적으로 음식을 먹고자 하는 욕구가 발생한다.

**박덕은 박사의 건강 상식 · 22**

나이가 들어감에 따라 뇌에 있는 식욕억제세포가 퇴화되어 배고픔을 더 많이 느끼게 되고, 그래서 더 많이 먹게 되므로, 특히 주의해야 한다.

# 23
## 소화가 느리면

조지타운 대학 메디컬센터 정신의학과의 로버트 히데이야 교수는 이렇게 말했다.

1) 변비를 포함한 소화 문제도 체중 증가의 원인이 될 수 있다.

2) 하루 한두 차례 변을 보면 건강한 범주에 속한다.

3) 변을 규칙적으로 보지 못한다면 탈수, 약물, 섬유질 섭취 부족, 혹은 장내 박테리아의 생태계 이상 등이 원인일 수 있다.

4) 변비가 유일한 증상이라면 건강에 유익한 유산균이 들어있는 생균제(프로바이오틱스)를 먹어 소화관을 제대로 작동하게 만들어야 한다.

5) 섬유질이 많은 음식을 먹고 물을 충분히 마시면 변비 해결에 보탬이 된다.

6) 메타무실(식이섬유 캡슐 타입) 같은 식이섬유 보충제제를 물에 타서 먹는 것도 변비를 해결하는 방법일 수 있다.

7) 이런 보충제제는 장내 노폐물뿐만 아니라 지방 미립자까지 흡수할 수 있다.

**박덕은 박사의 건강 상식 · 23**
변비 탈출을 위해 섬유질이 많은 음식을 먹고 물을 충분히 마시자.

# 24
# 잘못된 식생활이 습관화되면

잘못된 식생활은 과식뿐만 아니라 식생활 전반에 걸친 문제이다. 폭식, 잦은 간식, 습관적인 야식 등으로 섭취 칼로리가 과잉상태가 되면 그 칼로리가 체지방으로 축적되어 비만으로 이어질 가능성이 커지게 된다.

비만을 부르는 식습관은 다음과 같다.

1) 폭식의 경우, 평상시와 달리 갑자기 많은 음식을 섭취하는 것이므로 급격한 혈당치 상승을 불러오고 이에 따라 인슐린 분비도 촉진되어 지방 합성이 증가하게 된다. 즉 하루 총 섭취량은 같더라도 이를 균등 분배하여 섭취한 경우보다 한끼에 폭식한 경우가 더 많은 양의 지방을 체내에 축적시키는 것이다.

2) 간식의 경우, 간식으로 먹는 식품들의 대부분이 과자류, 아이스크림, 패스트푸드 등과 같은 고칼로리 식품이다. 이러한 식품을 자주, 그리고 많이 먹게 되면 섭취 칼로리가 과잉되어 체지방으로 축적되기 쉽다. 먹는 양을 줄인다고 식사량을 줄이면서 간식은 '뭐 이 정도야' 하는 생각으로 먹는다면 열량 섭취량은 오리려 증가해 영양의 균형은 깨지기 십상이다. 그렇지만 채소와 과일 같은 바람직한 간식은 부족한 영양소를 보충해 주고 다이어트 효과까지 증진시켜 줄 수 있다.

3) 야식의 경우, 다이어트에 있어서 가장 큰 적이다. 일반적으로 위의 부담을 덜어주기 위해 잠자기 3시간 전에는 아무 것도 먹지 않는 것이 좋다고 한다. 밤에 먹으면 인체의 자율신경 중 부교감신경의 작용이 활발해져서 신체 활동에 필요한 에너지가 잘 공급되도록 해주는 교감신경의 작용을 억제시켜 체지방이 축적되기 쉽다. 이렇게 굳이 어렵게 말하지 않더라도 활동이 많은 낮보다는 활동이 적은 밤에 먹은 음식은 사용이 되지 않아 더 쉽게 체내 지방으로 저장되는 것이다.

4) 불규칙한 식사의 경우, 칼로리의 섭취와 소비를 규칙적으로 하지 못해 체지방과 체중이 안정되지 않아 살이 찌기 쉽다.

체지방 축적의 주범인 폭식, 잦은 간식, 습관적인 야식 등을 피하자.

**제1권 비만 원인**

# 25
# 먹는 습관이 잘못 들면

미국 방송 〈MSNBC〉은 2011년 8월 15일 조이 바우어 영양센터 (Joy Bauer Nutrition Centers)의 설립자인 조이 바우어 박사의 의견을 토대로 살찌는 사람들의 7가지 먹는 습관을 다음과 같이 소개했다.

1) 선 채로 먹기: 캐나다에서 진행된 연구에 따르면 서서 밥을 먹는 사람들은 식탁에 앉아 식사를 하는 사람에 비해 약 30% 정도 더 많은 칼로리를 섭취하는 것으로 조사되었다. 일어서서 밥을 먹으면 심리적으로 '제대로 식사를 했다'는 느낌이 들지 않는다. 이 때문에 무의식중에 더 많은 음식을 먹게 되는 것이다.

2) 모니터나 TV 앞에서 먹기: TV를 보면서, 혹은 컴퓨터 앞에 앉아 웹서핑을 하면서 식사를 하는 것은 최악의 습관 가운데 하나다. TV와 컴퓨터는 사람의 뇌를 산만하게 만든다. 이 때문에 배가 불러도 그것을 잘 인식하지 못한다. TV를 보며 뭔가를 먹으면 나도 모르게 평소보다 훨씬 더 많이 먹게 되는 것도 이런 이유 때문이다.

3) 남의 접시에 담긴 음식 탐내기: 자기가 먹을 음식은 자신의 접시에 담아 먹는 게 좋다. 특히 칼로리가 높은 디저트를 먹을 경우 남의 그릇을 집적대지 않는 게 다이어트를 위해 바람직하다.

4) 포장지에서 뜯자마자 먹기: 포장지에서 음식을 뜯자마자 먹기 시작하면 내가 지금 어느 정도의 칼로리를 먹고 있는지 잊어버리기 쉽다. 무의식중에 과자 봉지에 계속 손이 가는 것도 이 때문이다.

5) 주말에 마음껏 먹기: 주중 내내 긴장하면서 음식 조절도 잘하고 운동도 열심히 했는데 주말에 긴장이 풀어지면서 폭식을 하는 사람들이 적지 않다. 5일 동안 잘 참고 이틀 만에 긴장을 놓으면 다이어트가 될 리 없다.

6) 계산대 앞에서 먹기: 쇼핑을 하다가, 혹은 음식점에서 음식을 먹고 난 후 계산대 앞에서 무심코 사탕 같은 주전부리를 집어먹기 쉽다. 한 연구기관의 조사에 따르면 미국 여성들이 계산대 앞에서 집어먹는 주전부리는 매년 14,300kcal나 된다. 이를 몸무게로 환산하면 2kg이다.

7) 스트레스 풀려고 먹기: 기분이 나쁘다고, 혹은 스트레스가 쌓였다고 높은 칼로리의 음식을 잔뜩 먹는 사람들이 있다. 그런데 실제로 이렇게 먹고 나면 '너무 많이 먹었다'는 죄책감 탓에 스트레스가 더 쌓인다.

한국 식품연구원 곽창근 박사가 이끄는 연구팀은 2011년 보건복지부 질병관리본부에서 발표한 국민건강영양조사 결과를 이용해 19세 이상의 성인 남성들의 식이 패턴을 분석하고, 비만과 어떤 관련성이 있는가를 조사했다.

국민건강영양조사 결과에 의한 식품 섭취량 자료에서 만 19세 이상의 성인 남성의 자료만 분리해 2,648 관측치의 표본을 구성했다. 또한 이 표본에서 조사 대상자들이 섭취한 약 467개의 식품 및 식품군을 28개 식품류로 재분류하고, 이들 28개의 식품류로부터 섭취한 에너지 비중(%)을 계산해 에너지 섭취 패턴이 유사한 조사 대상자들끼리 모으는 통계적 작업(군집 분석)을 수행했다. 연구 결과, 구분이 확연한 6개의 식품 군집으로 분류되었다.

1) 제1군집(패스트푸드 군집)은 쌀로부터의 에너지 섭취 비율이 28.79%로 가장 낮았고 빵, 과자, 당류 그리고 패스트푸드로부터의 에너지 섭취 비율이 다른 군집보다 가장 높았다.
2) 제2군집(가공식품 군집)은 곡류가공품, 육류가공품, 알코올음료 등 가공식품으로부터의 에너지 섭취 비율이 가장 높았다.
3) 제3군집(육류 및 알코올 군집)은 쇠고기와 돼지고기, 알코올음료로부터의 에너지 섭취 비율이 가장 높았다.
4) 제4군집(편의형 군집)은 라면과 국수 등으로부터의 에너지 섭취 비중이 높고 쌀의 비중이 낮았다.
5) 제5군집(건강식 군집)은 잡곡, 닭고기, 채소류로부터의 에너지 섭취 비중이 다른 군집에 비해 상대적으로 높았다.
6) 제6군집(전통식 군집)은 밥과 김치로부터의 에너지 섭취 비중이 다른 군집에 비해 높았다.
7) 군집 분석에 사용된 전체 표본의 평균 연령은 50.0세, 평균 BMI는 24.0, 평균 1일 열량 섭취량은 2,200kcal였다.

8) '전통식 군집'의 평균 연령은 58.7세였고, '패스트푸드 군집'의 평균 연령은 39.7세였다.

9) 에너지 섭취량에 있어서 '육류 및 알코올 군집'은 2,680kcal로 가장 높았으며, '전통식 군집'이 1,780kcal로 가장 낮았다.

10) BMI 25 이상의 비만자 비율은 '육류 및 알코올 군집'이 40%로 가장 높았고, '건강식 군집 · 전통식 군집'이 32%로 가장 낮은 비만자 비율을 보였다.

11) '건강 식단'의 특징은 식이섬유가 풍부하며 GI(Glycemic Index: 인슐린을 분비시키는 정도)가 낮아 포만감을 오래 유지하고, 공복감이 적어 열량 섭취를 줄일 수 있는 식단을 의미한다.

12) 성인 남성의 식이 패턴에서도 건강식 군집과 전통식 군집에 속하는 남성들의 평균 BMI가 가장 낮았다. 이 역시 낮은 열량을 섭취했기 때문인 것으로 밝혀졌다.

# 26
# 충동적으로 음식을 먹거나 강박 관념에 사로잡혀 다이어트를 하면

데니스 디제네페 교수가 이끄는 미국 미네소타 대학 연구팀은 평균 나이가 46세인 중년 여성 200명의 음식에 대한 기본적인 태도, 체지방 비율, 허리 사이즈와 체질량 지수(BMI)를 측정, 분석해 다음과 같은 연구 결과를 얻어냈다. 음식에 대한 기본적인 태도는 '식생활 중 영양에 대해 관심이 많은 사람' 등 5개 그룹으로 분류했다. 이 연구 결과는 〈건강 교육과 행동(Health Education & Behavior)〉(2009년 12월호)에 발표되었으며, 영국 온라인 의학 전문지 〈메디컬 뉴스 투데이〉, 미국 일간지 〈USA투데이〉 온라인판 등에 2009년 12월 2일 보도되었다.

1) 충동적으로 먹는 사람과 비만은 죄악이라는 생각에 시달리며 다이어트를 하는 사람은 체중이 늘거나 비만이 될 위험성이 가장 높았다.
2) 비만 위험성이 낮은 그룹은 영양에 대해 관심이 많은 사람, 가족을 위해 독창적인 요리를 하는 사람들이었다.
3) 5개 그룹 중 바빠서 음식 만들 시간이 없다는 사람은 비만 위험성이 중간 정도였다.
4) 사람이 음식에 대해 가지는 기본적인 태도는 비만과 체중 증가에 영향을 미칠 수 있다.
5) 비만의 위험이 높은 여성들은 영양과 건강한 식습관에 대해서 깊이 생각해야 한다.

**박덕은 박사의 건강 상식 · 26**
충동적으로 먹지 말고 비만은 죄악이라는 생각에 시달리며 다이어트를 하지 말자.

# 27
# 영양 결핍이 되면

위원장 조지 맥거번을 비롯하여 에드워드 케네디, 찰스 퍼시 의원 등이 이끄는 미국 상원의 '영양문제특별위원회'는 1975~1977년 2년 동안 식생활이 건강에 미치는 영향에 대한 방대한 조사를 착수했다. 그 중 비만에 대한 보고 내용은 다음과 같았다.

1) 비만 원인으로는 과식, 내분비 이상, 스트레스, 운동 부족, 대사장애 등이 있지만, 영양 결핍도 해당된다.

2) 음식물에는 '타는 영양소'와 '태우는 영양소'가 있는데, 체내에서 연소되어 칼로리를 발생시키는 '타는 영양소'(포도당, 아미노산, 지방산, 글리세롤)는 지나치게 섭취되는 반면, 연소 작용을 돕는 '태우는 영양소'(각종 비타민과 미네랄)는 부족하기 때문에 비만이 된다.

3) '태우는 영양소'를 충분히 공급하여 남아도는 칼로리가 지방으로 바뀌어 지방세포라는 창고 속에 가득 쌓이는 것을 막아야 한다.

4) 신체로 들어간 음식물이 완전히 연소가 된다면 남은 칼로리가 지방으로 바꿔져 살이 찌는 일은 없을 것이다.

5) 비타민B1, 비타민B2, 나이아신, 판토텐산, 비타민B6, 비타민B12, 비타민A, 비타민D, 비타민E, 비타민K, 콜린, 이노시톨, 엽산(이상 비타민류), 칼슘, 염소, 칼륨, 마그네슘, 나트륨, 인, 코발트, 크롬, 구리, 철, 요오드, 망간, 아연, 몰리브덴, 셀레늄(이상 미네랄류), 라이신, 트립토판, 페닐알라닌, 트레오닌, 메티오닌, 류신, 아이소류신, 발린(이상 아미노산류), 레시틴, 리놀산, EPA, 섬유질 등의 영양소를 보충해 '크렘스회로'에서 효소를 만드는 데 도움을 주어야 비만을 막을 수 있다.

6) 비타민과 미네랄은 먹은 음식물을 체내에서 긴요하게 쓰이게 하고 에너지로 변환시키며, 찌꺼기로 남지 않게 하고, 노폐물이 순조롭게 배설되도록 도와주는 역할을 하여 살이 찌거나 병이 생기는 것을 막아 준다.

7) 균형 잡힌 식생활로 '태우는 영양소'를 보충해 주어 영양의 밸런스를 맞춰 주는 것이

비만을 해소하는 지름길이다.

최혜미 교수가 이끄는 서울대학 식품영양학과 연구팀은 1991년 11월부터 1992년 1월까지 서울 노원구 상계동 지역에서 거주하는 4~12세 어린이 117명을 대상으로 식생활과 영양공급 실태를 조사했다. 이 연구 결과는 논문 '어린이들의 식습관이 비만도와 혈청지질 수치에 미치는 영향'(1992년 1월)을 통해 발표되었다.

1) 비만 판정에 가장 정확도가 높은 것으로 알려진 '표준 비체중 지수'를 사용하고 가나와티(Kanawatti)식 분류법에 의해 이들의 체중을 분석한 결과 42.7%만이 정상 범위에 속했을 뿐 나머지는 과체중(27.4%), 비만(15.4%), 수척(14.5%) 상태인 것으로 나타났다.

2) 이 중 비만 상태인 어린이의 경우 칼슘 및 비타민A 섭취량이 각각 한국인 영양 권장량의 67.5%, 67.1%에 불과해 정상군84.9%, 90.8%보다도 훨씬 적은 것으로 나타났다.

3) 철분 섭취량도 역시 비만군(64.2%)이 정상군(68.5%)에 비해 적은 것으로 조사되었는데 철분의 경우 전체 섭취량이 권장량의 71.8%에 불과했다.

4) 철분과 함께 칼슘도 권장량의 79%밖에 섭취하지 못하고 있으며 섭취 열량도 권장량의 82%에 불과해 어린이들이 전체적으로 균형 있는 식사를 하지 못하고 있는 것으로 나타났다.

5) '아침 식사를 꼭 한다'고 대답한 어린이는 과체중군(88%), 정상군(78%), 수척군(69%), 비만군(68%)의 순이었고 '아침 식사를 매일 혹은 대부분 거른다'고 한 어린이는 수척군(19%), 비만군(11%), 정상군(10%), 과체중군(6%)의 순으로 조사돼 수척군과 비만군 어린이의 식생활 습관이 좋지 못한 것으로 나타났다.

6) 아침 식사를 거르는 어린이는 아침을 먹는 어린이에 비해 단백질, 칼슘, 철분, 비타민A · B1 · C 등 각종 영양소의 섭취량이 부족했으며 특히 철분, 칼슘과 에너지(열량)는 권장량의 80%에도 못 미쳤다.

7) 혈청지질 수치나 비만도에는 영향을 미치지 못했으나 외식 빈도가 높을수록 모든 영양소의 부족 현상이 나타났고 특히 철분, 칼슘, 열량 섭취가 부족했다.

8) 비만군에 속한 어린이가 콜레스테롤, 중성지방 등 혈청지질 수치가 비정상적으로 높은 경우가 많아 고혈압, 당뇨 및 심혈관계 질환 등 성인병의 위험이 높은 것으로 분석되었다. 특히, 남아의 경우 비만군과 과체중군에서 혈청지질도가 위험 수위를 훨씬 많이 초과했다.

9) 식생활 습관이 서구화됨에 따라 어린이들도 비만증과 당뇨, 고혈압, 심혈관계 질환 등

각종 성인병에 걸리는 비율이 급증하고 있다.

# 28
# 과잉 영양 상태이면

연세대 대학원 김명중 씨(식품영양학)는 30~50대 여성 49명을 대상으로 조사했다. 조사 대상자는 30대 1명, 40대 30명, 50대는 18명으로, 이들에 대해서는 신장 및 체중 측정. 피하지방 두께 측정, 체지방 비율, 영양소 섭취량, 활동량, 생화학적 분석 등 10종류의 조사를 실시해 체지방 분포와 혈청성분, 영양 섭취량의 상관관계를 측정했다. 이 연구 결과를 자신의 석사 논문 '복강 및 피하지방 비율, 열량 섭취, 혈청성분과의 관계'(1992년 2월)에 실었다.

1) 중년 여성들의 대부분이 비만 증세를 보이고 있으며 고혈압과 당뇨병 등 성인병의 원인이 되는 복강 내 과지방 현상은 활동량 부족보다는 과잉 영양 섭취에 그 원인이 있다.

2) 이상(理想)적인 체중에 대한 현재 체중의 비율(PIBW)을 기준으로 120% 이상인 '비만'이 31명, 110~119%인 '과체중'이 10명, '정상'이 8명으로 조사되었으며 체지방 분포의 지표인 허리와 엉덩이 둘레 비율(BHR) 조사에서는 평균 0.95로 정상치 0.85보다 높았다.

3) 혈청성분 검사에서는 당뇨와 내당능 등의 장애가 각각 5명씩이었으며 복부지방과 허벅지 지방의 비율(ABTR)은 평균 1.81, 복강 내 지방과 피하지방의 비율(VSR)은 평균 0.38로 나타났다.

4) 영양소 섭취 및 활동량 조사에서는 대상자들이 하루 평균 2,419kcal를 섭취하여 권장량보다 많은 것은 물론, 활동 상태에 따른 필요 열량인 2,270kcal보다 많은 열량을 섭취했으며 특히 단백질 섭취량은 권장량 60g보다 170% 높은 102g으로 조사되었다.

5) 각 비만 지표들의 상관관계 조사에서는 WHR이 PIBW나 ABTR과 의미 있는 상관관계를 나타냈으나 VSR은 PIBW나 WHR과는 상관관계를 보이지 않고 ABTR과만 의미 있는 상관관계를 보였다.

6) 특히 복강내 지방과 피하지방의 비율이 높은 대상자들은 낮은 대상자들보다 전체 열

량 섭취와 당질 섭취, 하루 필요 열량에 대한 섭취 비율이 높았고 지질과 혈당, 혈중 유리 지방산도 높은 것으로 나타났다.

7) 체내 지방에 대한 CT 측정을 보면 연령이 높을수록 피하지방보다는 복강 내 지방이 많고 허벅지 지방은 낮았다. 당 대사 조사에서는 당뇨병이 있는 여성에서 VSR과 ABTR이 정상인보다 높게 측정되었으며, 내당능 장애가 있는 여성에서는 복강내 지방이 현저히 높았으나 허벅지 지방은 감소했다.

8) 복강 내 지방의 증가는 혈압과 혈청지질 농도 상승, 당 대사장애 등 성인병의 위험 요인들을 증가시켰다. VSR이 지금까지 비만의 지표로 사용되어온 PIBW 등 다른 지표보다 성인병과 관련된 대사적 결함을 더 잘 반영했다.

**박덕은 박사의 건강 상식 · 28**
과잉 영양 섭취는 곧 비만의 동지이다.

# 29
# 단백질이 부족하면

2011년 11월 19일 KBS 1TV에서 방영한 '생로병사의 비밀-단백질 신화의 진실'에서는 단백질의 섭취가 건강에 어떤 영향을 주는지를 집중 파헤쳤다.

1) 단백질은 많아도 탈이지만 부족해도 병이 된다.
2) 남들에 비해 식사량은 적지만 체중이 늘어 고민 중이던 여성 출연자의 진단 결과, 하루 단백질 섭취량이 성인 여성 하루 권장량의 1/3에 불과했다. 그녀의 비만 원인은 영양 불균형과 단백질 부족에 있었다.
3) 다양한 단백질을 균형 있게 섭취할 때 단백질은 '영양소'로서 우리 몸에 제대로 기능할 수 있다.

펠튼 교수가 이끄는 호주 국립대학 연구팀은 볼리비아에 사는 야생 원숭이 15마리를 9개월 동안 추적 관찰하면서 이들이 섭취한 먹이들을 분석했다. 이 연구 결과는 다음과 같았다.

1) 계절에 따라, 섭취 가능한 먹이의 종류에 따라 섭취 칼로리량은 그때그때 달랐지만 변화가 거의 없었던 것이 바로 '단백질 섭취량'이었다.
2) 원숭이들은 자기 몸에서 필요로 하는 단백질량이 충족될 때까지 먹이를 먹었다.

**박덕은 박사의 건강 상식 · 29**
다양한 단백질을 균형 있게 섭취하는 게 건강 비결이다.

# 30
# 오메가-3 지방산이 부족하면

제라르 아일호드 교수가 이끄는 프랑스 니스 소피아-안티폴리 대학 연구팀은 암컷과 수컷 실험용 쥐들을 여러 세대에 걸쳐 연구했다.

전체의 35%가 지방으로 구성된 사료를 공급하면서 지속적으로 오메가-6 지방산을 과다 섭취하도록 하면서, 오메가-3 지방산의 결핍을 유도한 뒤 나타난 현상을 관찰하고 조사했다. 실험용 쥐들에게 공급된 리놀레산(오메가-6 지방산)과 알파 리놀렌산(ALA: 오메가-3 지방산)의 비율은 28대 1이었다. 이 연구 결과는 미국 생화학·분자생물학회(ASBMB)가 발간하는 학술 저널 〈지질연구지(Journal of Lipid Research)〉(2010년 8월호)에 '지방 비중이 높은 서구식 식생활이 세대를 이어가면서 지방조직의 증가를 유도하는 데 나타난 영향'이라는 논문 제목으로 발표되었다.

1) 실험용 쥐들에게 여러 세대에 걸쳐 균형이 파괴된 상태의 사료를 지속적으로 섭취하도록 한 결과 지방조직(fat mass)이 크게 증가했음을 관찰할 수 있었다.

2) 4세대가 지났을 때 전체적인 사료 섭취량에는 변화가 없었음에도 불구하고 과형성과 비대증이 함께 나타나면서 지방조직이 크게 증가했음을 관찰할 수 있었다.

3) 인슐린 민감성 조절과 비만 유발의 신진대사에 관여하는 단백질로 알려진 아디포카인(adipokine)의 수치 변화가 일어나면서 고인슐린혈증이 발생한 것으로 나타났다.

4) 성장을 조절하고 면역계의 기능을 통제하는 집락촉진인자-3(CSF3)와 녹터닌(Nocturnin) 등의 유전자 발현에도 변화가 나타났다.

5) 세대를 이어갈수록 집락촉진인자-3의 발현량이 증가함에 따라 지방세포 전구체(adipocyte progenitors)의 증식이 촉진된 것으로 파악되었다.

6) 균형이 깨진 서구식 식생활이 지속되면 세대가 거듭됨에 따라 비만이 유전될 수 있다.

7) 다불포화 지방산 섭취의 균형이 깨질 경우 오히려 비만을 유발하는 등 장기적으로 건강에 유해한 영향을 미칠 수 있다.

8) 알파 리놀렌산(ALA: 오메가-3 지방산) 결핍과 리놀레산(오메가-6 지방산) 과잉 섭취가 겹칠 경우 비만을 후대에 유전시키는 요인으로 작용한다.

9) 지속적인 고지방 섭취와 더불어 오메가-3와 오메가-6 지방산의 균형된 비율이 깨진 식생활이 거듭됨에 따라, 세대를 이어가면서 지방조직이 증가했을 뿐만 아니라 염증성 유전자들의 발현도 나타났다.

10) 후대로 갈수록 살찐 쥐들이 태어났을 뿐만 아니라 성인 당뇨병의 전 단계인 인슐린 저항이 나타났다.

11) 지난 40년 사이에 서구의 전형적인 식단은 오메가-6와 오메가-3 지방산의 비율이 정상 수준인 5대 1에서 유럽은 15대 1, 미국은 최고 40대 1까지 벌어졌다.


호주 뉴캐슬 대학 연구팀은 성인 124명을 대상으로 혈액을 분석했다. 이 연구 결과는 2012년 4월 다음과 같이 발표되었다.


1) 오메가-3 지방산이 비만, 특히 복부비만과 큰 상관관계가 있었다.

2) 비만 그룹은 정상 그룹에 비해 혈장 내 오메가-3 지방산의 양이 현저히 적었다.

3) 정상 체중인 사람들은 비만인 사람들보다 오메가-3 지방산의 양이 매우 많았다.

4) 오메가-6 지방산이 많으면 지방세포의 크기와 수가 증가한다. 오메가-6 지방산이 지방세포 자체의 크기와 수를 늘리고 지방세포에 지방을 쌓는 역할을 하는 반면, 오메가-3 지방산은 지방세포에 쌓인 지방을 밖으로 꺼내 연소하는 기능을 하기 때문이다.

5) 세포막의 오메가-6 지방산은 식욕을 증진시키는 엔도카나비노이드(Endocannabinoid) 류라는 물질을 만들어내기 때문에 오메가-6 지방산이 많으면 계속 먹으라는 신호를 몸에 보내 과식과 탐식의 원인이 된다.

6) 오메가-3 지방산이 부족할 경우엔 감각기관의 효율이 무뎌지고 중추신경에 영향을 주어 단맛을 잘 느끼지 못하게 된다.

7) 오메가-3 지방산이 부족한 피험자들은 일정한 정도의 단맛을 느끼기 위해 더 많은 양의 설탕을 필요로 했다.

8) 오메가-3와 오메가-6 지방산은 세포의 대사를 조절하는 중요한 물질인데, 균형이 무너지면 비만이 올 수 있다.


**참조:** 한국 영양학회는 한국인의 식생활을 고려하여 다음과 같이 발표했다.

1) 오메가-3와 오메가-6 지방산의 권장 비율을 1:4~10으로 제시했다.

2) 권장 비율을 맞추기 위해 의도적인 섭식이 필요하다.

3) 오메가-3 지방산은 들기름, 아마씨유 등 식물성기름과, 참치, 고등어와 같은 등 푸른 생선에 풍부하다.

'SBS 스페셜-옥수수의 습격' 1부는 2010년 10월 10일에, 2부는 2010년 10월 17일에 각각 방영되었다. 옥수수가 현대인의 몸을 병들게 한다는 지적이 다음과 같이 제기되었다.

1) 미국 사우스캐롤라이나에 사는 지미 무어 씨의 식단을 소개했다. 지미 무어 씨는 하루에 무려 300g의 버터를 먹었다. 하루에 필요한 칼로리의 대부분을 버터에서 얻어 고도 비만이 되었다. 그로부터 4년 만에 고도 비만에서 탈출해 무려 60kg이나 감량하며 '기적'을 일으켰다.

2) 버터의 비밀은 바로 옥수수와 관련이 있었다.

3) 1960년대를 기점으로 미국의 소들은 풀과 건초 대신 옥수수 사료를 먹게 되었는데, 이 옥수수가 쇠고기와 우유의 성분을 바꾸어 놓았다.

4) 몸의 세포막을 구성하는 오메가-3와 오메가-6 지방산은 오직 음식을 통해 섭취할 수 있는데, 오메가-6는 지방을 축적하고 오메가-3는 지방을 분해하는 일을 한다.

5) 체내에 오메가-6가 너무 많으면 지방세포를 증식시키고 염증반응을 일으켜 다양한 질환의 원인이 된다.

6) 옥수수에 들어있는 오메가-6와 오메가-3 지방산의 구성 비율이 66대 1로 큰 불균형을 이루는 것이 문제였다.

7) 음식을 통한 옥수수의 섭취가 비만, 심장병, 알레르기질환의 증가 등으로 나타났다.

8) 1970년대 이후 전 세계의 여물통과 모이통이 옥수수 알곡으로 채워지면서 우리도 모르는 사이에 우리들 자신의 섭생이 바뀌게 되었다.

프랑스 영양학자 피에르 베일의 한마디.

"버터 자체가 나쁜 것이 아니라 소에게 무엇을 먹였느냐에 따라 버터의 성분이 180도 바뀐다."

**박덕은 박사의 건강 상식 · 30**

오메가-3 지방산의 충분한 섭취로 복부비만을 줄이자.

# 31
# 비타민과 무기질이 부족하면

중대용산병원 가정의학과 조수현 교수는 다음과 같이 조언했다.

1) 영양분이 에너지로 쓰이고 저장되는 과정에서 대사작용에 문제가 생기면 살찌기 쉽다.

2) 몸의 대사과정에서 섭취한 영양분을 에너지로 바꾸어서 사용하게 하는 것이 비타민과 무기질이다.

3) 불규칙한 식사로 인해 비타민이나 칼슘, 마그네슘과 같은 무기질이 부족해지면 지방의 연소를 방해해서 지방이 체내에 그대로 쌓일 수 있다.

4) 비타민과 무기질이 부족한 상태에서 살을 빼기 위해 운동을 하면 정작 지방은 연소가 안 되고 피로만 쌓이게 된다.

가천대 의과대학 길병원 가정의학과 이규래 교수는 이렇게 말했다.

1) 비타민·무기질이 제대로 공급되지 않으면 지방의 연소가 잘 안 돼 체내에 쌓일 수 있다.

2) 지속적인 식이요법이나 운동에도 살이 빠지지 않고 계속 살이 찌는 경우라면 대사 기능에 이상이 생긴 것은 아닌지 살펴봐야 한다.

3) 다이어트를 할 때에는 식사 일기를 써 섭취한 영양분을 따져보는 꼼꼼한 관리가 필요하다.

ND케어클리닉 박민수(가정의학과 전문의) 원장은 2012년 1월 31일 〈중앙일보〉에서 다음과 같이 언급했다.

 내 몸에 꼭 맞는 다이어트
**제1권 비만 원인**

1) 소아비만은 전 세계적으로 소아에게 가장 흔한 영양 장애이며 증가하는 속도로 보아 심각한 문제가 아닐 수 없다.

2) 소아비만은 성인 비만으로 이어지는 경우가 많아 조기 치료가 중요하다.

3) 굶으면서 하는 다이어트는 매우 구시대적인 방법이다. 다이어트 할 때 하루 세끼를 꼬박꼬박 챙겨 먹어야 한다.

4) 정시에 정량을 먹어야 다이어트를 성공적으로 계속해 나갈 수 있다.

5) 소아비만 때문에 생긴 아이의 뱃살은 아이가 섭취한 칼슘과 각종 비타민, 미네랄 같은 소중한 영양분을 빼앗는 약탈자라고 할 수 있다.

6) 키 성장에 있어서 10~12세 전후까지의 비만한 아이들이 다른 아이들과 별 차이 없이 자랄지 모르나, 이후에는 비만과 뱃살이 아이의 성장을 지독히 방해한다.

7) 아이의 살은 절대로 키로 가지 않는다. 오히려 키로 가야 할 중요한 영양분을 빼앗아 성장을 지독스레 방해한다.

8) 소아비만 아동들(특히 여아들)이 지금은 또래보다 클지 몰라도 시간이 지나면 작아지는 이유가 초과된 체지방이 성호르몬처럼 작용해 성장판을 조기에 닫히게 만들어 성장할 수 있는 기간을 줄이기 때문이다.

9) 아이의 키가 자라기 위해서는 뼈를 형성하는데 꼭 필요한 칼슘, 비타민D, 비타민K 등 각종 미네랄과 비타민 섭취를 충분하게 해야 한다.

10) 비만 어린이들은 대개 심리적, 육체적으로 우울감, 과잉 행동, 산만함, 집중력 저하, 심한 감정 기복과 같은 정서적, 정신적 측면뿐만 아니라, 만성피로, 체력 저하, 면역력 저하, 소아성인병과 같은 질환을 갖게 될 수 있다.

11) 비만 어린이들이 즐겨먹는 음료수에 든 인산과 동물성 단백질의 과잉 섭취는 칼슘 흡수를 심각하게 방해한다.

12) 비만 어린이들은 무거운 몸 때문에 대개 운동을 꺼리는데 이 역시 칼슘이 뼈로 가는 일을 방해하는 요소이다.


조지타운 대학 메디컬센터 정신의학과의 로버트 히데이야 교수는 이렇게 말했다.


1) 비타민D, 마그네슘, 철분 등이 부족하면 면역계가 손상된다.

2) 면역계가 손상되면 신체 에너지 수준이 떨어지고 신진대사 방식이 바뀐다. 그러면 건강한 생활 양식을 선택하기 어려워진다.

3) 이런 사람은 에너지 부족을 보충하기 위해 카페인, 단것, 단당류를 섭취할 가능성이 커진다.

4) 달리기나 운동을 하기에는 체력이 부족하다는 느낌을 갖게 될 수도 있다.

5) 붉은 살코기나 시금치를 먹어 철분 함량을 높이고 브라질 너트나 아몬드를 통해 마그네슘 섭취를 늘려야 한다.

6) 비타민D의 부족은 햇빛을 많이 쬐는 것만으로는 회복하기 어렵다.

7) 비타민D 보충제를 먹어야 하는데, 복용량이 과다하면 신장결석의 위험이 있다.

8) 갑상선 기능 부전증과 인슐린 저항성을 유발할 질병이 있는지를 먼저 체크해야 한다. 이것이 체중 증가의 원인일 수 있기 때문이다. 그런 뒤에 적절한 철분 보충제를 섭취해야 한다.

## 박덕은 박사의 건강 상식 · 31

비타민과 무기질이 부족한 상태에서 살을 빼기 위해 운동을 하면 정작 지방은 연소가 안 되고 피로만 쌓이게 된다는 것을 명심하자.

# 32
# 비타민D가 부족하면

비타민D는 칼슘 흡수를 촉진하고, 염증을 줄여주며, 세포 건강과 면역력을 증강시키는 등 몸에서 중요한 역할을 하는 지용성 비타민인데, 생선의 간유, 기름진 생선, 달걀노른자, 우유, 시금치 등에 들어 있고, 햇볕을 쬐면 몸에서 자연적으로 만들어진다.

헬렌 맥도널드 교수가 이끄는 영국 애버딘 대학(Aberdeen University) 연구팀은 1998년부터 2000년까지 2년 동안 3,100명의 여성들을 대상으로 조사했다. 여성이 햇빛에 노출된 횟수와 계란이나 기름기가 많은 생선 등 음식물을 통한 비타민D 섭취를 고려했다.

1) 비만인 여성들이 그렇지 않은 여성들에 비해 비타민D 함유량이 10% 가량 적었다.
2) 체내 지방이 많을 경우 비타민D 흡수가 잘 되지 않는 것으로 나타났다.
3) 비만인 사람은 비타민D 부족 현상을 앓고 있으며 비타민D 결핍과 비만 정도의 관계는 통계적으로 매우 의미가 있다.

영국 일간지 〈텔레그래프〉 온라인판은 2008년 7월 13일 다음과 같이 보도했다.

1) 비가 자주 내리고 습기가 많은 영국의 날씨가 영국인들의 다이어트를 훼방하는 요소다.
2) 햇빛이 없이 비가 올 경우 사람들이 햇빛에 노출될 기회가 적어지고 햇빛에 노출되는 기회가 적어질 경우 비타민D 합성 확률이 낮아진다.
3) 체내 비타민D 함유량이 적으면 뇌에서 포만감을 느끼게 해주는 호르몬인 렙틴의 발

생률이 줄어든다.

4) 체내 비타민D 함유량이 적은 이들은 정상인에 비해 상대적으로 음식을 많이 섭취하게 돼 살 찔 위험이 있다.

2008년 11월 미국 캘리포니아 대학에서 비타민D 전문가 18명이 모여 다음과 같이 주장했다.

"비타민D 일일 섭취량을 현재 200~400 단위에서 2,000 단위로 개정해야 한다."

미국 〈심장학 학술지(Journal of American College of Cardiology)〉 2008년 12월 9일자에 실린 글은 다음과 같았다.

"비타민D 결핍은 전체 인구의 30~50%를 차지할 정도로 흔하며, 비타민D가 부족할수록 비만, 고혈압, 당뇨병, 심혈관질환 발병 위험이 높은 것으로 밝혀졌다."

리차드 크레머 교수가 이끄는 캐나다 맥릴대 의과대학와 빈센트 길산츠 교수가 이끄는 미국 서던캘리포니아대(USC) 의과대학 공동 연구팀은 백인 또는 히스패닉계에 속한 16~22세 여성들을 조사했다. 일조량이 풍부한 캘리포니아 주 남부 지역에 거주하는 젊은 여성 90명을 대상으로 혈중 25-히드록시 비타민D(25OHD) 수치를 측정한 후, 체지방과 신장의 상관성을 평가하는 방식으로 조사하고 분석했다. 이 연구 결과는 〈임상내분비학 및 대사(Journal of Clinical Endocrinology & Metabolism)〉지(2009년 1월호)에 '비타민D 수치와 젊은 여성들의 체지방, 신장, 최대 골량 등의 상관성'이라는 논문 제목으로 발표되었다.

1) 성장에 가속도가 붙은 연령대에 속한 여성들에게서 비타민D가 결핍되면 체질량 지수(BMI)는 증가하고 키는 더디게 크게 된다.

2) 전체의 59%에서 25OHD 수치가 29ng/mℓ를 밑돈 것으로 나타나 비타민D 결핍으로 분류되었으며, 41%는 30ng/mℓ 이상이어서 정상적인 수준으로 평가되었다.

3) 상류층 거주 지역에 사는 젊은 여성들 가운데서도 비타민D 결핍이 빈도 높게 나타났다.

4) 비타민D가 결핍된 젊은 여성들의 경우 정상적인 그룹에 비해 체질량 지수는 높고 복부지방은 증가하는 경향을 보였다.

5) 고령층 여성들과 달리 젊은층 여성들의 경우 비타민D 결핍과 골 강도 사이에는 별다른 상관관계가 관찰되지 않았다.

6) 비타민D가 부족하면 체지방의 축적을 촉진할 뿐만 아니라 차후에 각종 만성장애에 시달릴 위험이 높았다.

7) 작은 신장(身長)과 비타민D 결핍 사이에서도 상관성이 있을 가능성이 있어 후속 연구가 뒤따라야 할 것이다.


리셋클리닉 박용우(비만 치료 전문의) 원장은 다음과 같이 조언했다.


1) 비만한 사람들은 비타민D 결핍이 잘 생긴다.

2) 비타민D가 부족하면 골다공증, 당뇨병, 심장병, 퇴행성 관절염, 대장암 같은 질병 발생 위험이 증가한다.

3) 비타민D는 생선, 간, 계란노른자 등에 들어 있지만, 자외선이 피부에 자극을 주면 비타민D 합성이 일어난다.

4) 비타민D는 지용성이므로 몸속에 들어오면 지방조직에 녹아 있게 되는데 지방조직은 비타민D를 쉽게 놓아주지 않는다.

5) 지방량이 많은 비만 환자일수록 비타민D 부족이 오기 쉽다.

6) 비타민D는 지방조직에서 분비되는 '렙틴' 호르몬에도 영향을 준다. 비만 환자들은 포만감 신호를 뇌로 보내는 렙틴 호르몬이 제대로 작동을 못해 렙틴 호르몬이 증가해 있는데, 비타민D가 렙틴의 작용을 돕는 역할을 한다.

7) 비만한 사람들은 비타민D가 부족하고 이 비타민D 부족이 또다시 비만을 악화시킨다.

8) 겨울에 체중이 늘어나는 원인도 일조량 부족으로 비타민D가 결핍되었기 때문이다. 실내에만 있기보다는 야외 활동량을 늘려 햇빛을 많이 쪼이는 것도 겨울철 비만을 예방하는 방법이다.


미국 미주리 대학 캐서린 피터슨 박사는 비타민D와 TNF-$\alpha$의 혈중 수치 관계에 대한 연구 결과를 2009년 4월 9일 발표했다.

1) 비타민D가 부족하면 염증이 발생한다.

2) 비타민D가 부족한 여성은 염증을 나타내는 '종양괴사인자-알파(TNF-α)'의 혈중 수치가 높은 것으로 나타났다.

3) 건강한 사람에게서 비타민D와 TNF-α의 혈중 수치가 역관계를 형성했다.

4) 비만이나 만성질환이 있는 사람에게서 염증 증가가 흔히 나타나기 때문에 비타민D가 조금만 부족해도 증세가 악화될 수 있다.

5) 건강에 도움이 되려면 최소한 하루에 비타민D 1천IU를 섭취해야 한다. 이는 1주일에 3일, 하루 10분씩 피부 표면의 25%를 햇빛에 노출시키는 수준이다.

마이클 멜라메드 교수가 이끄는 미국 예시바 대학 연구팀은 미국 전역에 걸쳐 2001~2004년 사이에 실시된 '국가보건 및 영양조사(the Third National Health and Nutrition Examination Survey)'에서 수집된 1~21세 아동 · 청소년 6,000명 이상의 비타민D 섭취량을 조사 분석했다. 이 연구 결과는 〈소아과학 저널〉 온라인판, 〈라이브사이언스닷컴〉 등에 2010년 3월 3일 보도되었다.

1) 아동의 70% 가량이 비타민D 부족으로 심혈관 및 근골격계의 질환 위험이 높았다.

2) 성인뿐 아니라 아동에서도 비타민D 부족이 심각한 수준으로 나타났다.

3) 아동의 9%가 명백한 비타민D 결핍 상태로 나타났으며, 전체 아동의 61%가 비타민D 부족 상태로 나타났다.

4) 비타민D 부족 상태는 여아에서 더 뚜렷하게 나타났고 이밖에 비만 아동이나 우유 섭취량이 일주일에 1회 미만으로 적은 아동, 하루 4시간 이상 TV나 컴퓨터, 비디오게임기 앞에서 시간을 보내는 아동에게서 더 심하게 나타났다.

5) 조사 대상자인 백인보다는 아프리카나 남미 등의 유색인종에서 비타민D 부족 상태가 더 심했다. 이는 같은 시간 햇빛에 노출되더라도 피부색이 밝을수록 비타민D를 더 많이 합성하기 때문이다.

6) 일조량이 많지 않은 산간 지역의 아동들은 반드시 비타민D 보충제를 섭취해야 한다.

7) 분유보다 비타민D가 적은 모유 수유를 하는 영아들에게도 비타민D 보충제가 필요하다. 비타민D는 피부의 햇빛 노출, 기름기 많은 생선 같은 자연식품, 그리고 비타민D 강화 식품(우유, 시리얼, 두유) 등으로부터 얻을 수 있는데, 비타민D가 결핍되면 뼈의 성장에

커다란 장애를 초래해 구루병 등이 나타날 수 있으며 암도 발병할 수 있다.

이에 대해 몬테피오리 의학센터 아동병원의 주히 쿠마르 박사의 한마디.

"아동의 비타민D 부족은 예상되었던 바나 이처럼 전국에 걸쳐 대규모로 나타났다는 점에서 충격적이다."

멜라메드 박사도 한마디.

"미국에서 비타민D 부족은 20년 전부터 진행돼 1년 전부터 본격적으로 보고되고 있다. 실내에 앉아 있는 시간이 늘어나고 각종 자외선 차단 제품의 사용이 늘면서 문제가 더 심각해졌다. 아이들이 비타민D가 풍부한 음식을 섭취하도록 해야 한다. 음식 섭취만으로는 필요량을 모두 얻기 어려우므로 TV를 끄고 아이들을 밖으로 내보내 매일 15~20분 동안 햇볕을 쪼이도록 하는 것도 필요하다."

미시건 대학 연구팀은 총 479명의 5~12세 아이들을 대상으로 30개월간 추적 관찰했다. 이 연구 결과는 〈미국 임상 영양학 저널〉에 2010년 11월 11일 발표되었다.

1) 연구 시작 당시 혈중 비타민D가 낮은 아이들이 높은 아이들보다 허리 주위로 지방이 더 많이 쌓이고 체중도 더 빨리 증가하는 것으로 나타났다.
2) 비타민D가 가장 낮은 아이들의 복부 체지방이 가장 빨리 크게 증가하는 것으로 나타났다.
3) 비타민D 저하와 여자아이들의 느린 키 성장 속도와는 연관이 있는 것으로 나타났다.
4) 비타민D 저하가 아이들에게 비만이 될 위험성이 있는 것으로 나타났다.

노르웨이 리크스-라디움 메디컬센터의 조야 라구노바(Zoya Lagunova) 박사는 과체중이나 비만인 남녀 1,779명(평균 연령 49세)을 대상으로 조사, 분석했다. 이 연구 결과는 〈영양학 저널(Journal of Nutrition)〉(2011년 1월 호)에 발표되었으며, 〈헬스데이 뉴스〉에 2010년 12월 17일 보도되었다.

1) 비만이 칼슘 흡수와 면역 기능에 중요한 영양소인 비타민D의 합성을 방해하는 요인 이다.
2) 체질량 지수(BMI)가 가장 높은 그룹이 가장 낮은 그룹에 비해 비타민D의 혈중 수치가 평균 14% 낮은 것으로 나타났다.
3) 실험 대상자들은 조사 시작부터 비타민D의 혈중 수치가 정상 범위에 못 미쳤으며 조사가 끝났을 때는 BMI가 5% 더 늘어난 반면 비타민D는 크게 줄어들었다.
4) 햇빛 노출과 기름기 많은 생선 같은 음식에서 섭취된 비타민D는 체내에서 1,25-디하이드록시 비타민D로 전환되는데 과체중이나 비만인 사람은 이러한 전환 과정에 문제가 있는 것으로 여겨진다.
5) 비타민D는 칼슘의 흡수를 도와 뼈의 건강을 유지시키고 일부 암을 억제하는 효과가 있는 것으로 보인다.

실바 아슬래니언 교수가 이끄는 미국 피츠버그 대학 연구팀은 비만 또는 정상 체중인 8~18세 흑인 아동과 백인 아동 237명의 혈중 비타민D 수치를 측정해 보았다. 이 연구 결과는 2011년 5월 2일 UPI 통신 온라인판에 발표되었고, 〈임상내분비-대사 저널(Journal of Clinical Endocrinology and Metabolism)〉(2011년 5월호)에 게재되었다.

1) 비타민D가 부족한 아이는 나중에 비만이 될 확률이 높다.
2) 비타민D가 부족한 아이의 경우 체질량 지수(BMI)가 높고 좋은 콜레스테롤인 고밀도지단백(HDL) 콜레스테롤 수치가 낮았다.
3) 특히, 지방의 분포는 흑인과 백인이 달라 비만한 백인 아이는 내장지방이 많고 비만한 흑인 아이는 피하지방이 많은 것으로 밝혀졌다.
4) 비타민D가 부족한 아이는 2형(성인형) 당뇨병의 위험이 커지는 것으로 나타났다.
5) 비타민D는 주로 햇빛의 자외선 노출에 의해 체내에서 합성되며 연어, 꽁치 등에도 함유돼 있다.

미국 해스브로(Hasbro) 아동병원 사춘기 의학 전문의인 제브 하렐

(Zeev Harel) 박사는 10대 중에서 비만인 68명의 혈중 비타민D를 측정했다. 이 연구 결과는 〈사춘기 건강 저널(Adolescent Health)〉(2011년 5월호)에 발표되었고, 〈헬스데이 뉴스〉에 2011년 5월 5일 보도되었다.

1) 비만한 10대들에게서 비타민D 부족이 공통으로 나타났다.

2) 여성은 100%, 남성은 91%가 비타민D 결핍 내지는 부족으로 나타났다.

3) 10대 여성은 비타민D 결핍이 72%, 부족이 28%, 남성은 결핍이 69%, 부족이 22%였다.

4) 10대 여성들 중 48명에게 비타민D를 보충해 주고 다시 측정한 결과, 대부분 혈중 비타민D 수치가 올라갔으나 정상 수준까지 이른 경우는 28%에 불과했다. 이는 비타민D가 지방세포 속에 갇히기 때문으로 보인다.

5) 비만과 비타민D 부족 사이의 연관성은 간접적인 것으로 보인다.

6) 비타민D는 우리 몸이 햇빛의 자외선에 노출되었을 때 자연적으로 피부에서 합성되는데, 비만한 사람들의 비타민D 부족은 야외 활동이 적어 햇빛에 노출되는 기회 역시 적기 때문이다.

7) 살찐 사람들은 계란, 생선, 비타민D의 첨가 시리얼 등 비타민D가 함유된 식품을 섭취하지 않을 가능성도 있다.


캐이틀린 메이슨 박사가 이끄는 미국 프레드허친슨 암연구센터는 폐경기의 뚱뚱한 여성 439명을 네 그룹으로 나눠 각각 음식 조절로만, 운동으로만, 음식도 조절하고 운동도 하는 등의 방법으로 체중 감량을 하게 하고 나머지 한 그룹은 아무 것도 하지 못하게 했다. 그리고 혈중 비타민D 수치 변화를 검사했다. 이 연구 결과는 〈미국 임상 영양학 저널(American Journal of Clinical Nutrition)〉(2011년 5월호)에 게재되었고, 미국 건강 웹진 〈헬스데이〉에 2011년 5월 보도되었다.

1) 뚱뚱한 여성이 몸무게를 15% 이상 줄이면 비타민D 수치가 크게 높아지고 면역력이 높아져 그 연령대에서 빈번히 발생하는 질병도 피할 수 있다.

2) 음식 조절과 운동으로 체중을 10% 줄인 여성은 혈중 비타민D 수치가 적절하게 증가했다.

3) 체중의 15%를 감량한 여성은 비타민D 수치가 아무 것도 하지 않은 그룹에 비해 3배로 높아졌다.

4) 폐경기 비만 여성은 일반적으로 비타민D가 부족해 암, 심장병, 당뇨병 같은 질병이 많이 생겼다.

5) 체중을 줄일수록 비타민D는 증가하고 면역력도 높아졌다.

**참조:** 미국 미시간 대학 보건대학원 에두아르도 비야모르(Eduardo Villamor) 박사는 5~12세 여자아이 242명을 대상으로 혈중 비타민D를 측정하고 30개월 동안 지켜보며 조사했다. 이 연구 결과는 미국 〈임상 영양학 저널(Journal of Clinical Nutrition)〉(2011년 8월호)에 발표되었으며, 〈사이언스 데일리〉에 2011년 8월 11일 보도되었다.

1) 비타민D가 부족하면 초경이 빨라질 가능성이 2배 높은 것으로 나타났다.

2) 초경이 빠르면 10대 때 행동 · 심리 · 사회적 문제가 나타날 위험이 높고 나중에는 심혈관 대사질환과 유방암을 포함한 암 발생 가능성도 컸다.

3) 비타민D가 부족한 아이들은 57%, 비타민D가 충분한 아이들은 23%가 조사 기간 중에 초경이 시작되었다.

4) 초경 연령은 비타민D 부족 그룹이 평균 11.8세로 대조군의 12.6세에 비해 10개월 빨랐다.

5) 10개월이면 그리 큰 차이가 아니라고 생각할지 모르지만 이 나이에는 신체 내에서 엄청나게 많은 일이 진행되기 때문에 결코 짧은 시간이 아니다.

**참조:** 최희정 교수(가정의학과)가 이끄는 대전 을지대 대학병원 연구팀은 2011년 종합건강증진센터에서 검진을 받은 성인 3,900명을 조사했다. 2012년 2월 23일 언론에 발표된 연구 결과는 다음과 같았다.

1) 조사 대상자의 86.1%인 3,357명에게서 비타민D 부족 · 결핍증이 진단되었다.

2) 비타민D 농도 10ng/㎖ 미만의 결핍 환자가 2,419명으로 62%를 차지했고, 10~30ng/㎖ 이하인 부족 환자도 938명(24.1%)에 달했다.

3) 연령대로는 20대 91.8%, 30대 89.1%, 40대 85.5%, 50대 85.2%로, 나이가 어릴수록

비타민D 부족 현상이 두드러졌다.

4) 비만이나 흡연, 공해 등도 원인이 될 수 있지만 실내에서 생활하는 시간이 늘고, 피부 노화를 우려해 자외선을 피하는 생활습관이 확산된 게 가장 큰 원인이다.

5) 음식을 통해 섭취할 수 있는 비타민D는 10%에 불과해 햇빛을 지나치게 기피하면 골다공증이나 우울증, 혈압·혈당 상승의 직접적인 원인이 된다.


시안 로빈슨 교수가 이끈 영국 사우스햄프턴 대학 연구팀은 977명의 산모와 이들에게서 태어난 아이들을 조사했다. 이 연구 결과는 〈미국 임상 영양학 저널〉에 2012년 5월 25일 발표되었으며, 2012년 5월 24일 〈폭스뉴스〉에 실렸다.


1) 임신했을 때 비타민D가 부족하면 태어난 아기가 비만해지기 쉽다.

2) 임신 중 충분한 비타민D를 섭취하지 않을 경우 아이들이 만 15세에 이르는 동안 체지방이 많아질 위험이 높은 것으로 나타났다.

3) 비타민D가 부족했던 산모가 낳은 아기들은 6세 때 체지방 수치가 가장 높은 것으로 드러났다.

4) 젊은 여성들의 비타민D 결핍 증상과 비만아의 비율이 늘어나는 추세다. 비타민D가 부족한 산모에게서 태어나는 아이들의 장기간에 걸친 건강에 대해 신경을 써야 할 필요가 있다.

5) 이 같은 현상의 원인은 비타민D가 부족하면 자궁에 특정한 영향을 미쳐 아기들에게 성장 후에도 체내에 과도한 체지방이 쌓일 수 있다.

6) 비타민D는 자외선 차단제를 바르지 않고 태양을 쬐면 쉽게 얻을 수 있고, 우유나 달걀 노른자, 연어 등의 음식에서 섭취할 수도 있다.

7) 4개월~2세 사이의 아기들에게 비타민D가 부족하면 머리, 가슴, 팔다리에 변형이 나타나는 구루병이 발생할 수 있다.


**박덕은 박사의 건강 상식 · 32**
비타민D 결핍과 비만은 정비례한다.

# 33
# 마그네슘이 부족하면

가정의학과 박창해 교수가 이끄는 을지대 대학병원 연구팀이 성인 남녀 524명을 대상으로 혈중 마그네슘 농도와 대사증후군의 관련성을 조사했다. 대상자들의 혈중 마그네슘 농도를 측정한 다음, 체내 마그네슘 농도에 따라 1.8~2.0mg/dL, 2.1~2.2mg/dL, 2.3~2.8mg/dL 세 그룹으로 나눠 관찰했다. 이 연구 결과는 2012년 5월 16일 언론에 보도되었다.

1) 마그네슘 농도 2.3~2.8mg/dL 그룹을 기준으로 했을 때, 1.8~2.0mg/dL 그룹의 대사증후군 비교위험도는 3.78이었고 2.1~2.2mg/dL 그룹의 비교위험도는 1.53이었다.

2) 혈중 마그네슘 농도가 낮을수록 대사증후군 위험이 높아졌다.

3) 마그네슘 부족이 대사증후군을 유발하는 이유는, 인슐린 수용체의 결합 후 신호를 교란시켜 혈당을 상승시키고, 이온화칼슘의 세포 내 유입 증가로 혈관 평활근이 수축해 혈압이 올라가기 때문이다.

4) 마그네슘 부족은 저밀도 콜레스테롤과 중성지방의 생성을 촉진하고 고밀도 콜레스테롤 생성을 저해하기도 하며, 장내에서 직접 지방산을 태우지 못해 비만 가능성을 높일 수 있다.

**박덕은 박사의 건강 상식 · 33**
마그네슘 부족은 저밀도 콜레스테롤과 중성지방의 생성을 촉진시키고 장내에서 직접 지방산을 태우지 못하게 하는 주범이다.

# 34
# 섬유질 섭취가 적으면

일본의 영양조사 결과 식이섬유질 섭취량(1일 기준)은 1951년 22.4g에서 1985년 17.3g으로 35년 동안 약 22%가 감소되었다.

섬유질은 곡류, 신선한 채소, 과일에 많이 들어 있는데 특히 감자, 당근, 고구마, 오이, 토마토, 시금치, 샐러리, 우엉, 사과, 딸기, 버섯 등에 많이 들어 있다. 섬유질은 변비, 대장암 등에 뛰어난 효과가 있을 뿐 아니라 급성질환의 발병률을 감소시킨다.

경북대학교 가정교육과 이혜성 교수는 1990년 10월 대구 지역 대학생 237명(남 65명, 여 172명)을 대상으로 연속 사흘 동안 먹은 음식을 적어보는 '식이일지법(食餌日誌法)'에 따라 조사했다. 연구 결과는 다음과 같았다.

1) 조사 대상자의 식이섬유질 섭취량은 하루 평균 15.24g으로, 미국인이나 일본인에 비해 적었고 일일 권장량 25g에 미치지 못하는 것으로 나타났다.

2) 조사 대상자들의 섬유질 섭취량은 최고 34g, 최저 7.5g으로 개인차가 컸으며, 여자가 남자보다 다소 많았다.

3) 식이섬유질의 주요 급식원은 채소 30.8%, 곡류 29.3%, 과일 14.3%였다.

4) 식이섬유질은 최근 영양학의 중요 연구 과제로 떠오르고 있다.

5) 각종 성인병의 발생률 저하와 치료에 효과적이라는 연구 보고에 따라 하루 권장량을 일본 20~25g, 미국 25g으로 정하고 있다. 또 미국 식품의약국(FDA)은 그보다 많게 20~35g, 식이섬유 전문 연구가들은 35~40g이 필요하다고 말했다.

6) 대학생들은 특히 인스턴트식품을 선호하므로 그들의 식이섬유 섭취량을 국민 전체의 것으로 생각해서는 안 될 것이다. 따라서 전 국민을 조사 대상으로 한 일본, 미국과의 비교도 적당하지 않다.

7) 현대인이 선호하는 정제된 가공식품은 소화가 안 되는 섬유질을 제거했기 때문에 에너지 효율성이 높아 비만을 불러오고, 비만은 결국 당뇨병, 심장병, 고혈압 등 성인병의 주범이 되고 있다.

**박덕은 박사의 건강 상식 · 34**
섬유질이 제거된 정제된 가공식품을 피하자.

# 35
# 임신 중 균형 있는 영양을 섭취하지 못하면

크레이그 군더센 교수가 이끄는 미국 일리노이 대학 연구팀은 소득이 중간 이하인 임신 여성 810명을 대상으로 2001년부터 2005년까지 5년 동안 이들의 영양 섭취, 체질량 지수, 합병증 발병률 등을 조사한 연구 결과를 발표했다. 이는 '미국 영양사협회(American Dietetic Association)'에서 2010년 5월에 발표되었으며, 과학 논문 소개 사이트 〈유레칼러트〉에 2010년 5월 21일 보도되었다.

1) 생활고로 임신 기간 중 균형 있는 영양을 섭취하지 못하면 임신부는 비만에다 임신성 당뇨병 등 합병증에 걸릴 가능성이 높아졌다.
2) 임신 기간 중 생활고 때문에 균형 있는 영양 섭취에 실패한 이들은 체질량 지수가 오히려 증가했다.
3) 산모의 불충분한 영양 섭취는 각종 성인병의 원인인 비만으로 이어지고 병도 얻을 수 있다.

영국 노팅햄대 대학병원 생식 연구소 헬렌 버지 박사는 임신한 양에게 먹이를 조절한 뒤 태어난 새끼양의 체중 변화를 조사한 뒤, 임산부 100명을 대상으로 실험을 했다. 이 연구 결과는 2008년 9월 11일 영국 리버풀에서 열리는 영국 과학진흥협회 학술대회에서 발표되었으며, 영국 일간지 〈텔레그래프〉, 〈데일리메일〉 온라인판에 2008년 9월 9일 보도되었다.

1) 임신 중 제대로 먹지 못한 어미양에서 태어난 새끼양의 지방세포가 과도한 염증 반

응을 일으켰다.

2) 지방세포의 과도한 염증 반응은 음식의 신진대사 능력을 떨어뜨리고 새끼양에게 비만이나 과체중의 위험을 높였다.

3) 새끼양이 태어나기 전에 제대로 영양 공급을 받지 못하면 이런 영양 결핍이 지방 유전자의 하나인 FTO를 망가뜨려 비만 위험을 약 30% 높였다.

4) 많은 임산부들이 보건 당국이 권고하는 하루 2,300kcal에 못 미치는 칼로리를 섭취하는 것으로 나타났다.

5) 지방세포는 원래 활동성이 떨어지는 조직으로 알려져 있지만, 음식의 신진대사에서는 중요한 호르몬을 분비하는 것으로 밝혀졌다. 이 호르몬이 적절하게 분비되지 못하거나 지방세포가 염증으로 인해 망가지면 비만의 위험이 커지게 된다.

6) 임신 중 엄마가 무엇을 어떻게 먹느냐가 태어난 아기의 건강에 큰 영향을 미친다.

7) 임신 중에 적정 칼로리를 섭취하지 못하면 아이가 자라면서 비만이 될 위험이 30% 높았다.

8) 가장 중요한 것은 임신 중에는 영양소가 골고루 들어간 균형 잡힌 음식을 먹는 것이다.

미국 농업경제조사국이 발표한 자료는 다음과 같았다.

1) 2008년 영양 섭취의 균형이 깨진 가정은 14.6%로 2007년(11.1%)에 비해 증가했다.

2) 미국 농무부는 극빈자 무료 식품 구입권 이용자가 2010년 2월 396만 명으로 이 프로그램을 시작한 1962년 이후 가장 많이 이용하고 있다고 밝혔다.

영국 캠브리지 대학 자일스 요 박사의 한마디.

"비만을 단순히 개인의 실수로 여기는 풍토는 잘못된 것이다. 비만에는 유전적, 환경적 요인이 큰 영향을 끼친다."

**박덕은 박사의 건강 상식 · 35**
임신 중에 골고루 영양 섭취를 해야 태아의 비만을 막을 수 있다.

# 36
# 우유병으로 모유를 먹이면

캐서린 아이셀만 공중보건학 과정의 연구원이 이끄는 미국 템플 대학 연구팀은 초등학교 취학 연령의 어린이 120명을 대상으로 직접 엄마젖을 물고 모유를 먹은 어린이와, 우유병에 담긴 모유를 먹은 어린이의 차이를 조사했다. 이 연구 결과는 미국 공중보건학회 연례회의에서 2008년 10월 28일 발표되었으며, 미국 의학 논문 소개 사이트 〈유레칼러트〉, 온라인 과학 뉴스 〈사이언스 데일리〉 등에 2008년 10월 28일 보도되었다.

1) 우유병으로 모유를 먹은 어린이들의 체질량 지수(BMI)가 젖을 물고 모유를 먹은 어린이들보다 상대적으로 높은 것으로 나타났다.

2) 젖을 물고 모유를 먹은 어린이의 경우 미리 정해진 양이 아니라 자신이 만족할 만큼의 젖을 먹는 습관을 일찍 들임에 따라, 취학 연령이 되면 스스로 포만감을 느끼는 능력을 더 많이 갖기 때문인 것 같다.

3) 우유병으로 모유를 먹은 어린이들은 유아기 때 항상 일정량을 먹음으로써 스스로 포만감을 느끼는 타이밍을 조절하는 습관이 상대적으로 덜 발달된 것으로 나타났다.

4) 매일 정해진 양만큼만 모유를 줘야 한다는 원칙은 아직 확정되지 않았다.

5) 젖을 물고 모유를 먹는 유아의 경우 어떤 날은 많이 먹고, 어떤 날은 적게 먹는 등 스스로 포만감 타이밍을 알게 되면서 이러한 습관이 장기적으로 영향을 미치는 것으로 보인다.

6) 실제로 우유병으로 모유를 먹은 어린이들은 포만감을 느끼는 타이밍에 대한 반응 속도가 젖을 물고 모유를 먹은 어린이보다 늦었다.

7) 포만감에 대한 타이밍이 늦은 어린이일수록 체질량 지수는 높았다.

8) 모유 수유의 장점은 그간 여러 연구를 통해 증명되었다. 모유를 먹은 어린이는 중이염이나 알레르기, 호흡기질환에 강하며, 스트레스나 불안에 대한 저항력도 강했다.

체질량 지수(BMI)를 낮추려면 모유를 먹어야 한다.

# 2장

# 질병과 약에서 오는 요인

# 01
# 오랫동안 약을 먹으면

미국 의료 전문 포털 〈웹엠디(webMD)〉와 미국 하버드대 의과대학 조지 블랙번 박사(영양학 전공)는 몸을 붓게 하고 식욕을 늘리며 칼로리 소모를 적게 해 살을 찌우는 '블랙리스트 약'을 다음과 같이 공개했다.

1) 스테로이드제, 정신병 치료제 등 전문 의약품과 수면유도제 같은 일반 의약품은 몸의 소화 · 흡수를 느리게 하고, 식욕을 조절하는 호르몬 작용을 변화시켜 살을 찌게 한다.

2) 피임약의 에스트로겐 성분은 몸이 수분을 저장하게 만들어 2kg 정도 체중을 증가시킨다.

3) 알레르기 치료에 쓰이는 항히스타민제 중 '디펜히드라민'과 같은 강력한 진정 성분이 들어 있는 약들을 정기적으로 복용하면 소화 · 흡수 · 배설을 방해해 체중을 늘어나게 한다. 진정 성분이 들어간 수면유도제도 같은 형태로 체중을 증가시킨다.

4) 편두통 약 중 나트륨 밸프로에이트(sodium valproate), 다이발프로엑스 나트륨(diavalproex sodium)도 식욕을 높여 음식을 많이 먹게 한다. 미국 샌디에고 스크립스 머시 병원 임상학과 하민더 시칸드 과장은 "식욕과의 전쟁을 벌이고 싶지 않다면 두 가지 성분이 없는 약을 처방 받아야 한다"고 말했다.

5) 류마티스 관절염과 만성염증을 치료하는 데 주로 쓰이는 스테로이드제제도 식욕을 더 느끼게 하여 살을 찌게 한다.

> **박덕은 박사의 건강 상식 · 37**
> 스테로이드제, 정신병 치료제, 수면유도제 등은 식욕을 조절하는 호르몬 작용을 변화시켜 비만을 부추긴다.

# 02
# 잘못된 처방약을 복용하면

조지타운 대학 메디컬센터 정신의학과의 로버트 히데이야 교수는 이렇게 말했다.

1) 비만은 본인의 책임이 아니라 의사의 도움을 받아야 개선될 수 있는 상황인 경우가 많다.
2) 호르몬 불균형, 비타민 결핍, 처방약의 부작용 등 많은 요인이 체중 증가를 일으킨다.

로체스타 대학의 스티븐 위틀린 교수가 말했다.

1) 체중 증가를 유발하는 약은 많은데, 피임약, 호르몬 요법제, 스테로이드제, 심장병과 고혈압에 먹는 베타차단제, 타목시펜 같은 유방암 약, 일부 류머티스성 관절염 약, 일부 편두통 및 역류성 식도염 약 등이 그런 예다.
2) 이런 약들은 식욕을 증진시키는가 하면 신진대사에도 악영향을 미친다.

**박덕은 박사의 건강 상식 · 38**

피임약, 호르몬 요법제, 스테로이드제, 심장병과 고혈압에 먹는 베타차단제, 타목시펜 같은 유방암 약, 일부 류머티스성 관절염 약, 일부 편두통 및 역류성 식도염 약 등은 체중 증가를 유발하므로 가급적 피하자.

# 03
# 항생제를 남용하면

대장에는 유익한 박테리아와 유해한 박테리아가 공존하고 있다. 유익한 박테리아는 음식을 소화시키거나 감염을 막는 데 도움을 준다. 그런데 항생제를 오래 복용하면 유익한 박테리아까지 죽이게 된다.

장내 유익균의 숫자가 줄고 유해균의 숫자가 늘어나는 것이 비만 원인일 수 있다. 장내 유익균과 유해균 비율은 85:15 정도가 이상적이다. 갑자기 비만을 겪는 사람들은 대부분 이 비율이 깨져 있다.

위궤양의 원인이 되는 헬리코박터 파일로리균을 항생제로 제거했더니 그렐린 분비량이 증가하고 곧바로 체중이 늘었다는 연구 결과도 나와 있다. 그렐린은 위장에서 분비되는 배고픔 신호 호르몬이다.

마틴 블레이저 박사가 이끄는 미국 뉴욕 대학 랑곤메디컬센터 (NYU Langone Medical Center) 연구팀은 과학 전문 주간지 〈네이처〉에 다음과 같은 연구 결과를 발표했다. 이번 연구는 〈랑곤메디컬센터〉 홈페이지에 공개되었으며, 미국 과학 논문 소개 사이트 〈유레칼러트〉와 미국 과학 뉴스 소개 사이트 〈사이언스 데일리〉 등이 2011년 8월 28일에 보도했다.

1) 항생제 남용은 몸안에 있는 유익한 세균까지 죽여 비만과 알레르기, 천식, 장염 등을 일으킬 수 있다.
2) 항생제가 몸안의 유익한 세균까지 없애 몸의 면역체계를 뒤흔들어 놓았다.

3) 웬만한 항생제에 내성이 생긴 슈퍼박테리아가 의학계를 긴장시키고 있지만, 그보다 항생제가 몸의 면역체계를 망가뜨리는 것이 더 큰 문제다.

4) 미국 등 선진국의 청소년들은 18세가 될 때까지 최소 10~20회 가량 항생제를 복용하고 있는데, 이들 가운데 여성들은 성인이 되면 임신 기간 동안 다시 항생제를 복용하고 있었다.

5) 항생제 복용이 반복되면서 엄마로부터 정상적으로 전달되는 유익균들이 태아에게 제대로 전달이 되지 않아 자녀들의 면역체계가 과거에 비해 현저히 떨어진 것도 이 같은 이유 때문이다.

6) 항생제 남용으로 몸에 좋은 세균이 사라지면서 비만 환자가 늘어나고 알레르기와 당뇨병, 장염, 천식 등도 증가하고 있다.

7) 항생제의 사용은 지금보다 더 억제되어야 하며 특정 균만 죽이는 보다 발전된 형태의 항생제가 개발되어야 한다.

**박덕은 박사의 건강 상식 · 39**

항생제 남용은 몸안에 있는 유익한 세균까지 죽여 비만, 알레르기, 천식, 장염 등을 일으키는 주범이다.

# 04
# 항우울제를 복용하면

조지타운 대학 메디컬센터 정신의학과의 로버트 히데이야 교수는 다음과 같이 주장했다.

1) 많은 항우울제가 체중 증가를 유발한다.
2) 만일 당신이 우울하고 그 때문에 약을 복용하고 있다면 몇 년에 걸쳐 차츰차츰 2.3~6.8kg 가량 체중이 불어날 것을 각오해야 한다.

2010년 미국 공중보건 저널에 발표된 논문은 다음과 같은 결론에 이르렀다.

1) 슬프고 외로운 사람들은 그렇지 않은 사람보다 체중이 빨리 는다.
2) 약을 먹지 않는다 해도 우울증 환자는 체중이 늘기 마련이다.

버밍햄 소재 앨라배마 대학 사회학과의 벨린다 니덤 교수의 한마디.
"우울증 환자들은 고지방, 고칼로리, 마음을 편하게 만들어주는 전통 음식을 더 많이 먹고 있을 가능성이 있다. 우울증 환자들은 육체적 활동을 덜하고 있을 가능성도 있다."

노마린다대 의과대학 도미니크 프라댕리드 교수의 한마디.
"항우울제 탓에 체중이 느는 것으로 보이는 환자가 내게 오면 그 약을 서서히 끊으라고 말할 가능성이 있다. 나라면 기존 약을 끊고

체중을 줄이는 데 도움이 되는 웰뷰트린을 먹으라고 권할 가능성이
크다. 만일 체중 증가가 약 때문이 아니라면 운동을 권하고 부추기
는 조언자나 동호인 지원 그룹을 찾아보는 것이 좋다."

**박덕은 박사의 건강 상식 · 40**
여러 항우울제가 다 비만의 친구들이다.

# 05
# 항정신약물을 복용하면

Sanford-Burnham 메디컬리서치 연구소 연구팀은 '항정신약물이 비만·당뇨병을 유발시킨다'는 주제의 논문을 2012년 2월 4일 언론에 발표했다. 주요 내용은 다음과 같다.

1) 정신분열증과 양극성장애 및 각종 행동장애 등에 처방되는 항정신약물이 TGFbeta(transforming growth factor beta: 세포 성장과 염증 및 인슐린 신호 전달을 포함한 각종 생물학적 과정을 조절하는 세포 내 기전) 경로의 중요한 부분인 SMAD3라는 단백질을 활성화시켜 정상적인 체내 대사를 손상시킴으로 당뇨병과 비만 같은 대사적 부작용을 유발하는 것으로 나타났다.

2) 항정신약물에 의한 SMAD3 활성화는 약물이 가지고 있는 신경학적 효과와 완전히 별개인 것으로 나타났다. 치료 효과를 유지하면서 대사적 부작용이 없는 약물이 만들어질 수 있을 것이다.

3) 이번 연구에서 단 두 종류의 약물만이 당뇨병과 비만 같은 대사적 부작용을 유발하지 않는 것으로 나타났다.

**박덕은 박사의 건강 상식 · 41**
항정신약물은 모조리 비만의 첩자들이다.

# 06
# 에이즈 치료제를 사용하면

1998년 6월 30일 제12차 세계 에이즈 회의에서 전문가들은 다음과 같이 밝혔다.

1) 에이즈 환자의 사망률을 크게 감소시키는 데 기여한 치료제가 체내 지방의 급격한 변화를 초래하여 비만과 고콜레스테롤 및 당뇨병을 유발할 수도 있다.
2) 에이즈 유발 바이러스인 HIV의 번식을 막아주는 단백질 분해효소인 프로테아제 억제제 이용자들이 이상 지방 증대의 증상을 보였다.
3) 특히 이 약으로 치료받은 여성들은 유방이 커졌다.
4) 이 약물 치료는 심장병 위험을 높일 수 있는 트리글리세리드와 콜레스테롤 수치의 증가와도 관련이 있는 것으로 나타났다.

미국 로드아일랜드 주 프로비던스 미리엄병원의 크리스타 동과 프로비던스 브라운 대학 연구팀은 프로테아제 억제제로 치료 받은 118명의 여성들을 조사한 결과를 다음과 같이 밝혔다.

1) 조사 대상자들 가운데 19명이 그들의 신체에서 변화가 나타났다고 불평했다.
2) 이들 여성은 유방 확대, 복부 증대, 목 및 어깨 부위의 이상 지방 증대, 그리고 손발이 쇠약해지는 증상을 경험했다.

스위스 루가노의 시민병원 연구팀이 110명의 에이즈 유발 바이러스의 양성반응자들을 대상으로 실시한 연구와 독일 뮌헨 대학에서 실시한 연구의 결과는 다음과 같았다.

"프로테아제 억제제 사용 환자들 사이에서 콜레스테롤 수치가
올라가고 당뇨병 증상도 나타나는 것으로 관찰되었다."

# 07
# 임신한 여인이 임신성 당뇨병(GDM)이면

신시내티 대학 소아과학 로버트 위태커(Robert C. Whitaker) 박사팀은 임신한 여성이 GDM의 스크리닝(세포에 원하는 유전자를 삽입시켰을 경우 유전자가 삽입된 세포만을 구별해 내는 것)을 받은 후 낳은 아이 중에 8~10세 소아 524명의 의료 기록을 검토했다. 이 연구 결과는 당뇨병 치료지 〈Pediatrics〉에 1998년 발표되었다.

1) 임신한 여성이 식사 요법을 한 경도 GDM을 갖고 있어 태아기에 이러한 대사적 영향을 받아도 소아의 비만 위험은 높아지지 않았다.
2) 비만의 유병률은 GDM 식사 요법을 한 소아 58명에서는 19%, 스크리닝 당시 혈당치가 정상이었던 임신한 여성의 소아 257명에서는 24%였다.
3) 평균 체질량 지수(BMI)도 양쪽 군의 차이는 없었다.
4) 전체 524명에서 스크리닝 당시 임신한 여성의 혈당, 중성지방, OGTT 혹은 제대혈청 인슐린 농도를 4분위로 했을 때 소아의 비만 비율은 눈에 띄게 높아지지는 않았다.

하버드 필그림 · 건강관리 매튜 길먼(Matthew W. Gillman) 교수가 이끄는 하버드 대학 연구팀은 9~14세의 미국 소녀 7,981명과 미국 소년 6,900명(임신 34주 미만 출생과 당뇨병 기왕력을 가진 여성의 자녀는 제외)을 대상으로 조사했다. 출생 체중과 아이 엄마의 GDM(임신성 당뇨병), 청년기의 체질량 지수(BMI)와의 관련성을 검토했다. 이 연구 결과는 2003년 〈Pediatrics〉에 발표되었다.

1) 여성이 GDM인 소아는 465명이었지만, 청년기 초기에는 그 중 17.1%가 과체중 위

험, 9.7%는 과체중이었다.

2) 여성이 GDM이 아닌 소아에서는 14.2%가 과체중 위험, 6.6%가 과체중이었다.

3) 여성이 GDM인 소아는 그렇지 않은 소아와 비교하자, 청년기에 과체중이 발생할 비율은 1.4(1.1~2.0)였다.

4) 사회·경제적 인자를 조정해도 바뀌지는 않았지만, 출생 체중으로 조정하자 여성이 GDM인 소아가 청년기에 과체중이 발생할 비율은 약 1.3(0.9~1.9)으로 낮아졌다.

5) 여성의 GDM과 자녀의 과체중은 관련이 있다.

6) GDM이 자녀 비만에 미치는 영향은 GDM이 출생 체중에 미치는 영향에 따라 일부분만 설명될 수 있다.

7) 이번 연구는 모체와 태아 사이의 당 대사 변화와 자녀 비만과의 인과 관계가 있음을 지지하는 것에 불과하다.


미국 카이저 퍼머넌트 센터(Kaiser Permanente Center)의 노스웨스트의료플랜 테레사 힐리어(Teresa A. Hillier) 박사는 하와이와 태평양 북서부 지역에서 1995년부터 2000년 사이에 출산한 여성 9,439명의 임신성 당뇨병 유무를 진단하고, 이들이 낳은 5세~7세 아이들의 체중을 측정했다. 당뇨병 기왕력을 가진 여성은 연구 대상에서 제외되었다. 이 연구 결과는 2008년 3월 당뇨병 치료지 〈Diabetes Care〉에 발표되었다.

1) 혈당 수치가 정상인 여성의 아이들은 24%가 과체중, 12%가 비만이었다.

2) 임신성 당뇨병을 앓았거나 혈당 수치가 높은 여성의 아이들은 35%가 과체중, 20%가 비만이었다.

3) 당뇨병이나 혈당 수치가 높았지만 식이요법, 운동 등으로 혈당을 조절한 여성의 아이들은 28%가 과체중, 17%가 비만인 것으로 집계되었다.

4) 임신 중 혈당 관리를 통해 소아비만 가능성을 낮출 수 있다.

5) 임신부의 혈당 수치가 높으면 자궁 속 태아의 과식을 유도하고 과식을 하려는 욕구가 출생 후에도 이어지는 것 같다.

6) 결과적으로 임신 중 혈당 수치가 높은 여성의 아이들(89%)은, 그렇지 않은 여성의 아이들(82%)보다 과체중과 비만이 될 가능성이 높았다.

7) 소아를 비만하게 만드는 요인이 당뇨병 기왕력을 가진 여성뿐만 아니라 GDM 여성에서도 발생한다.

8) 5~7년 후에 소아를 추적 관찰한 결과, 여성의 임신 중 혈당치가 최고 4분위에 있던 소아가 과체중이나 비만이 될 비율은 최저 4분위에 있던 대조군에 비해 28% 높았다.

9) 다민족 국가인 미국인을 대상으로 한 이번 연구에서 임신 중에 고혈당을 보이면 소아 비만 위험이 높아지는 것으로 나타났다.

10) GDM의 스크리닝 당시 여성의 혈당치가 높아진 범위에서 5~7세에 소아비만이 증가하는 경향이 뚜렷했다.

11) 여성의 혈당치와 무관하게 출생 시 거대아였던 소아는 비만 유병률이 높았다.

**박덕은 박사의 건강 상식 · 43**
당뇨병 기왕력을 가진 여성뿐만 아니라 GDM 여성도 소아를 비만하게 만든다.

# 08
# 퇴행성 관절염에 걸리면

'미국 정형외과 발 발목 협회'의 공공교육위원회 의장인 도날드 보헤이 박사가 말했다.

1) 족저근막염을 비롯한 근골격계 이상, 퇴행성 관절염, 무릎이나 엉덩이 통증은 의도치 않게 체중 증가를 유발한다.

2) 이런 증상들은 운동을 하지 못하게 만들어 체중 증가를 유발한다.

3) 체중 부하가 되는 운동 대신 자전거 타기나 수영을 하는 게 좋다.

**박덕은 박사의 건강 상식 · 44**
퇴행성 관절염, 무릎 통증, 엉덩이 통증 등은 체중 증가의 주범들이다.

# 09
# 신장결석을 앓으면

미국 캘리포니아 대학과 랜드코퍼레이션(미국 민간조사연구기관)의 연구팀은 미국에서 신장결석을 앓고 있는 환자 수에 대해 조사했다. 이 연구 결과는 미국 애틀란타에서 열린 '미국 비뇨기학회(American Urological Association)' 회의에서 2012년 5월 31일 발표되었다.

1) 2012년 미국인 11명 중 1명은 신장결석을 앓고 있다.
2) 1994년엔 미국인 20명 중 1명이 신장결석을 앓고 있었다.
3) 신장결석을 앓고 있는 환자 수가 20년 사이에 2배나 늘어났다.

미국 UCLA 데이비드 게펜대 의과대학 비뇨기과 찰스 스케일 교수의 한마디.

"신장결석은 미국에서 너무 흔한 병이다. 신장결석이 있는 사람들은 당뇨병이나 비만, 통풍이 있을 확률이 높다."

**박덕은 박사의 건강 상식 · 45**
신장결석과 당뇨병과 비만과 통풍은 서로 친하다.

# 10
# 몸이 붓는 부종이면

강남성심병원 신장내과 노정우 교수는 2007년 2월 2일 다음과 같이 충고했다.

1) 악성종양이 임파절로 전이되거나 염증 등에 의해 임파관이 막히는 경우 임파 부종이 발생할 수 있다.
2) 정맥 쪽으로는 피가 잘 빠져나가지 못한 상태에서 동맥 쪽에서 피가 계속 나와, 혈관 내의 압력이 높아져서 생기는 정맥 폐쇄로 부종이 올 수도 있고, 이외에도 혈관신경성 부종 등 특이한 부종들도 있다.
3) 부신피질호르몬제나 비스테로이드성 진통제 또는 에스트로겐, 일부 항고혈압 약제 등에 의해 부종이 발생할 수 있다.

서울대 대학병원 가정의학과 박민선 교수는 2009년 10월 15일 다음과 같이 조언했다.

1) 신장질환에 의한 부종이 생겨도 초기에는 증상이 없지만, 반지가 안 맞기 시작하거나, 다리와 발목 부위가 붓는 등 증상이 나타나기 시작한다.
2) 식사나 운동 부족이라고 설명할 수 없을 정도로 5~10kg 정도 체중이 증가한다면 부종으로 의심해 볼 수 있다.
3) 생리 전처럼 호르몬의 영향을 많이 받아 살이 찌고 부을 때는, 특별한 질병이 없어도 아침저녁으로 3kg까지 차이가 날 수 있다. 이때는 1주일 가량 규칙적으로 먹고 운동으로 조절하면 다시 정상으로 돌아온다.
4) 몸이 붓는 경우 대부분 체중이 실제로 늘기 때문에 체중 조절을 1~2주 해 보고도 이상이 있다고 느끼면 갑상선질환, 심장질환, 간질환에 의한 부종일 수도 있으므로 전문의를 찾아야 한다.

　　이상호 교수가 이끄는 강동경희대 대학병원 신장내과 연구팀이 2011년 1월~9월까지 온몸이나 얼굴·팔·다리 등이 붓는 부종으로 병원을 찾은 163명을 조사했다. 이 조사를 바탕으로 분석한 연구 결과는 다음과 같았다.

1) 환자의 평균 연령은 58세였고, 여성 환자가 68%를 차지했다.

2) 부종 환자들의 48%가 고혈압이 있었고, 당뇨병과 만성콩팥병이 있는 사람도 각각 24.5%나 되었다.

3) 환자들 중 절반은 온몸이 붓는 증상을 호소했으며, 소변 검사에서 40% 이상의 환자가 혈뇨와 단백뇨를 보였다.

4) 부종의 가장 큰 원인은 만성콩팥병으로, 전체의 40%를 넘었다.

5) 당뇨와 고혈압의 합병증으로 신장 기능이 저하된 것이 부종의 주요 원인이었으며, 사구체신장염에 의한 부종 환자도 13%에 달했다.

6) 35%는 약물이 원인인 ‘약제유발성’ 부종으로, 65세 전후의 여성에게 많았다.

7) 약제유발성 부종의 경우 환자의 약 70%가 고혈압이 있었으며, 40%는 만성콩팥병 병력이 있었다.

8) 60세 이상의 고령에 고혈압·당뇨·만성콩팥병 등으로 부종이 지속되면 심부전과 뇌졸중 위험이 증가했다.

9) 특별한 원인 없이 인체에 수분이 축적돼 나타나는 ‘특발성부종’도 20%에 달했는데, 비교적 젊은 여성에게 많았다.

10) 갑상선질환, 심부전 및 간경화 등도 부종의 원인 질환인 것으로 나타났다.

11) ‘특발성부종’은 주로 얼굴이 붓는 데 비해 만성콩팥병과 약제유발성 부종은 주로 전신이 붓는 양상을 보였다.

12) 부종의 원인 약물로 비스테로이드성 항염증제가 40%로 가장 많았으며, 항고혈압 약의 일종인 칼슘길항제가 35%로 뒤를 이었다.

**박덕은 박사의 건강 상식 · 46**

만성콩팥병과 약제유발성 부종은 주로 전신을 붓게 하는 주범이다.

# 11
# 갑상선 호르몬이 부족하면

의학사전에는 열과 에너지의 생성에 필수적인 갑상선 호르몬이 부족할 경우 나타나는 증상에 대해 이렇게 설명하고 있다.

1) 온몸의 대사 기능이 저하된다.
2) 추위를 잘 타게 되며 땀이 잘 나지 않고 피부는 건조하며 창백하고 누렇게 된다.
3) 쉽게 피로하며 의욕이 없고 정신 집중이 잘 안 되며 기억력이 감퇴된다.
4) 얼굴과 손발이 붓고 식욕이 없어 잘 먹지 않는데도 몸이 붓고 체중이 증가한다.
5) 목소리가 쉬며 말이 느려지고 위장관 운동이 저하되어 먹은 것이 잘 내려가지 않고 심하면 변비가 생긴다.
6) 팔다리가 저리고 쑤시며 근육이 단단해지고 근육통이 생긴다.
7) 월경량이 늘어난다.

다음은 갑상선 기능 저하증의 증상.

1) 손가락으로 눌러도 들어가는 자리가 표나지 않는다.
2) 체중이 증가한다.
3) 땀이 잘 나지 않으며 추위에 민감해진다.
4) 쉽게 피로를 느낀다.

미국 국립 심장, 폐&혈액 연구소 연구팀이 2,400명 이상의 중년 성인을 대상으로 조사했다. 이 연구 결과는 〈미내과학회지〉(2008년 4월호)에 발표되었다.

1) 갑상선 기능이 정상적인 수치보다 약간 저하된 상태인 중년 성인들의 체중이 더 많이 느는 것으로 나타났다.

2) 갑상선 자극 호르몬이 몇 년에 걸쳐 증가하는 사람들 역시 체중 증가의 경향이 큰 것으로 나타났다.

3) 갑상선 자극 호르몬 증가가 체중 증가와 연관될 수 있다.


이탈리아 연구팀은 186명의 과체중이거나 비만인 아이들을 조사했다. 이 연구 결과는 〈임상내분비&대사학 저널〉(2008년 12월호)에 발표되었다.


1) 비만인 아이들이 갑상선에 손상을 입을 위험이 큰 것으로 나타났다.

2) 갑상선 손상에 의해 비만해진 아이들이 다시 살이 더 찌게 되는 악순환이 반복될 위험이 크다.

3) 비만이 체내 염증을 유발하고 갑상선을 손상시켜 인체 기능을 조절하는 호르몬을 변화시키는 것으로 나타났다.

4) 체질량 지수와 갑상선 호르몬 사이의 연관성을 연구한 결과 과도한 지방이 갑상선 조직을 변형시켰다.

5) 초음파 검사 결과 아이들 중 73명에서 갑상선에 염증 소견이 보였다.

6) 추가 연구를 통해 체중을 줄여 갑상선 기능을 정상화시켜, 아이들이 다시 건강해질 수 있는지를 지켜볼 필요가 있다.


갑상선암은 여러 가지 형태로 나타나는데 빈도를 보면 유두암 60%, 여포암 20%, 수질암 5%, 미분화암 14%, 기타(림프종, 편평세포암, 전이암 등) 1% 정도를 차지하고 있다.

미국 캘리포니아 대학과 LA 데비드 게펜대 의과대학 연구팀은 유두 갑상선암 환자 450명의 의료 기록을 재검토했다. 실험 대상자들을 정상 체중, 과체중, 비만, 병적인 비만 등 4그룹으로 나눠 BMI(체질량 지수) 및 키와 체중에 근거해 지방 등을 측정했다. 이 연구 결과는 〈의과학아키브 저널〉(2012년 5월호)에 발표되었다.

1) 비만이 진행성 갑상선암과 연관이 있었다.

2) 갑상선 기능 저하증인 경우 체내 대사가 느려지면서 비만으로 이어지는 경우가 많았다.

3) 높은 체질량 지수는 진단을 받을 당시 진행성 암과 연관돼 있었다.

4) 갑상선 기능 항진증 같은 경우에도 처음에는 오히려 살이 빠지지만 갑상선 약을 복용하고 난 후, 정상화되면서 살이 갑자기 찌게 되는데 이때 비만으로 이어졌다.

5) 비만자는 갑상선암 진단이 나올 때 다른 환자들보다 진행성 혹은 침투성 유두 갑상선 암으로 판정될 가능성이 높았다.

6) 비만자와 병적인 비만자는 말기 3단계 혹은 말기 4단계의 암이나 보다 침투적인 암을 가지고 있는 경우가 많았다.

**박덕은 박사의 건강 상식 · 47**
갑상선 약과 갑상선 기능 저하증은 몸을 붓게 하거나 체중을
증가시키는 주범이다.

# 12
# 쿠싱증후군에 걸리면

쿠싱증후군은 몸 내부에서 코르티솔이 증가하기 때문에 생기는 질병이다. 코르티솔이란, 부신에서 나오는 호르몬인데, 신체를 유지하기 위해 반드시 필요한 호르몬이다. 호르몬이 과잉 분비되면 여러 가지 특이한 증상이 나타나는데, 그 중 '비만'은 쿠싱증후군 환자 90% 이상이 겪는 흔한 증상이다. 쿠싱증후군의 국내 평균 발병률은 매년 인구 백만 명당 0.84명으로 추정되며, 여자 환자가 남자 환자보다 3.5배 많고, 발병한 환자의 67.1%가 20~30대이다.

경희대학교 내분비대사내과 전숙 교수는 별다른 증상 없이 단순 비만으로 치료받고 있는 환자 150명을 대상으로 쿠싱증후군 검사를 시행했다. 이 연구 결과는 20011년 9월 27일 언론에 보도되었다.

1) 비만으로 치료받고 있는 환자 150명 중 14명(9.33%)이 쿠싱증후군이었다.
2) 비만은 소비하는 에너지에 비해 많은 열량을 섭취하기 때문에 생긴다. 그러나 쿠싱증후군 때문에 비만이 되기도 한다.

경희대학 내분비대사내과 오승준 교수의 한마디.

"급격하게 체중이 증가해 식사, 운동 요법을 하는데도 체중의 변화가 없고 원인이 밝혀지지 않는다면 쿠싱증후군을 의심해 볼 수 있다. 젊은 사람들은 쿠싱증후군으로 인하여 고혈압과 당뇨병, 골다공증 등이 동반될 수 있으며 가임기 여성은 월경에 문제가 생길 수도 있으니 반드시 치료를 받아야 한다."

국민건강보험공단 일산병원 내분비내과 연구팀의 한마디.

"쿠싱증후군의 가장 흔한 증상은 체중이 증가하는 것인데, 일반적인 비만과 달리 얼굴과 몸통은 살이 찌지만 팔다리는 오히려 가늘어지는 '중심성 비만'이 특징이다."

박덕은 박사의 건강 상식 · 48
쿠싱증후군은 갑자기 체중을 늘리고 당뇨병과 골다공증을 곧잘 유발한다.

# 13
# 특정한 유전자가 변이되면

　바오지 슈가 이끄는 미국 조지타운 대학 연구진은 특정한 유전자의 변이가 어떻게 해서 비만으로 이어지는지를 밝히는 연구 결과를 〈사이언스 데일리〉지(2012년 3월 18일)에 발표했다. 연구 결과는 다음과 같았다.

1) 뇌유래 신경영양 인자(BDNF: brain-derived neurotrophic factor) 유전자의 변형이 무절제한 식탐을 초래하고 결국 비만으로 이어지게 했다.

2) 과거의 연구를 통해 BDNF가 비만과 연관이 있다는 것이 밝혀졌지만, 식탐과 구체적으로 어떤 연관성이 있는지는 알려지지 않았다. 이번 연구에서 생쥐의 BDNF가 변형되면서 뇌 안에 있는 뉴런들이 서로 소통하지 못하게 되는 것을 관찰한 결과, 생쥐들은 학습력과 기억력 장애와 더불어, 심각한 비만 증세를 보였다.

3) 상호 간에 신호를 보내는 뉴런들의 작용을 가능하게 해주는 시냅스가 형성되는 데 BDNF가 결정적인 역할을 한다. 이 작용은 연속된 DNA의 RNA 복사본을 짧은 것과 긴 것 두 종류로 만들면서 가능해진다.

4) 변형된 BDNF는 짧은 복사본만 만들어 뉴런의 세포체 내에서만 합성이 되고 수상돌기(dendrite)에서는 합성이 되지 않아 성숙하지 않은 시냅스를 과다하게 만들어낸다.

5) 뉴런 안의 나무와 비슷한 확장물인 수상돌기에서의 단백질 합성이 몸무게 조절에 필수적이라는 것이 밝혀졌다.

6) 렙틴과 인슐린이 수상돌기에서 BDNF의 합성을 자극하여 뉴런 사이의 소통을 가능하게 한다.

7) 뉴런을 버스 정류장에 비유하면 시냅스는 정류장을 잇는 도로이고 렙틴과 인슐린에서 나오는 화학적 신호가 뉴런 사이를 오가는 버스인 셈이다. 그리고 BDNF의 단백질 합성 작용은 교통을 활발하게 하는 경찰관과 같은 역할을 하여 신호가 뉴런 사이를 이동할 수 있게 해준다. 교통경찰관이 실수를 하면 버스가 도로에 막혀 꼼짝 못하는 것과 같이, 변형된 BDNF는 뉴런 사이의 소통에 장애를 일으킨다. 렙틴과 인슐린 화학 신호가 식욕을

담당하는 시상하부(hypothalamus) 내의 정확한 위치로 전달되어야 하는데, 이것이 실패할 경우 무절제한 식탐으로 뚱뚱해지는 것을 멈출 수가 없게 된다.

**박덕은 박사의 건강 상식 · 49**

뇌유래 신경영양 인자(BDNF) 유전자의 변형은 무절제한 식탐을 초래해 비만을 유발한다.

# 3장

# 일상생활에서 오는 요인

# 01
# 컴퓨터 게임을 즐기면

캐나다 이스턴 온타리오 어린이병원 연구팀은 17세 소년 22명을 두 그룹으로 나눠 한쪽은 한 시간 동안 의자에 가만히 앉아서 쉬게 하고 다른 한쪽은 컴퓨터 게임을 하게 했다. 한 시간 후 이들에게 스파게티를 주고 소년들이 얼마나 많은 칼로리를 소모하고 얼마나 많이 먹는지 등을 조사한 결과를 발표했다.

이는 〈미국 임상 영양학 저널(American Journal of Clinical Nutrition)〉(2011년 5월호)에 게재되었으며, 영국 일간지 〈데일리메일〉 온라인판에 2011년 5월 21일 보도되었다.

1) 컴퓨터 게임을 즐기는 어린이가 뚱뚱해지기 쉬운 이유는 단지 몸을 움직이지 않아서가 아니라 배고픔을 더 크게 느껴 많이 먹기 때문이다.
2) 컴퓨터 게임을 한 어린이는 쉬기만 한 어린이보다 21kcal를 더 소모했지만 80kcal를 더 먹었다.
3) 컴퓨터 게임을 하루 3시간 하면 180kcal를 더 먹게 된다.

영국 국가비만포럼 데이비드 하슬람 회장의 한마디.

1) 게임을 즐기는 어린이는 운동을 덜할 뿐만 아니라 더 많이 먹기 때문에 체중 증가 위험이 훨씬 높다.
2) 세계보건기구에서도 컴퓨터 게임을 어린이 비만의 가장 큰 원인으로 꼽고 있다.

게임을 지나치게 즐기는 어린이는 운동을 덜할 뿐만 아니라
더 많이 먹기 때문에 비만이 되기 쉽다.

# 02
# 인터넷 사용 시간이 많으면

브리검 여성병원 캐서린 버키가 이끄는 미국 워싱턴 대학 연구진과 하버드대 의과대학 공동 연구팀은 미국 청소년들의 삶을 조사했다. 2000~2001년 기간 동안 미국 50개 주 전역 14~21세 여학생 5,000명의 1년간 생활양식을 조사한 연구 결과를 발표했다. 이는 〈소아과학(The Journal of Pediatrics)〉지(2008년 7월)에 '성장 오늘 연구(GUTS, Growing Up Today Study)'라는 논문 제목으로 발표되었고, 미국 의학 논문 소개 사이트 〈유레칼러트〉, 온라인 과학 뉴스 〈사이언스 데일리〉 등에 2008년 7월 9일 발표되었다.

1) 여학생들의 한 주간 생활습관을 알아보기 위해 밤에 잠을 몇 시간 자는지, 학교 수업과 과제를 제외하고 인터넷을 얼마나 사용하는지, 술을 얼마나 마시는지, 커피를 얼마나 마시는지 등을 질문한 뒤, 연구 시작 전과 끝날 무렵에 여학생들의 키와 몸무게를 측정했다.

2) 조사 결과, 인터넷 사용 시간이 더 많고, 술을 더 많이 마시고, 잠을 덜 자는 여학생일수록 체중이 더욱 증가했다.

3) 잠을 자는 시간, 커피, 술과 같은 요인을 제외하고도, 일주일에 16시간 이상 인터넷 하는 데 시간을 보낸 여학생은 다른 사람에 비해 몸무게 변화가 두 배 정도 많았다.

4) 인터넷 사용, 신체적 활동, TV 보기, 비디오게임과 같은 요인도 파악했는데, 인터넷을 가장 많이 하는 여학생들은 1년 사이에 몸무게가 늘 가능성이 57% 이상이었다.

5) 일주일에 술을 2번 이상 마시며, 5시간 정도의 잠을 자고 인터넷 사용 시간도 많았던 18세 이상의 여학생들은 다른 여학생들보다 1년 사이에 체중이 2kg 정도 더 늘어났다.

6) 커피가 고칼로리 음료이기 때문에 커피도 체중을 증가시키는 주요 원인이라고 생각했지만 연구 결과 커피와 몸무게의 관계에 그럴 만한 연결 고리를 찾지 못했다.

7) 오락 등 흥미 위주의 인터넷 사용 시간, 술 마시기. 잠 부족은 점차적으로 몸무게를 늘게 하기 때문에 잘 알아차리지 못한다. 특히 이러한 행동들이 왜 몸무게를 늘게 하는지 여학생들 본인과 부모들은 잘 이해하지 못할 수도 있다.

8) 인터넷을 하는 데 시간을 더 보내는 사람은 그렇지 않은 사람보다 일상적인 활동이 더 적을 수밖에 없다.

9) 여학생들이 정상적인 몸무게를 유지하기 위해서는 흥미 위주의 인터넷 사용을 다른 것으로 대체하고, 잠자는 시간을 늘리며, 술 마시는 것을 삼가해야 한다.

**박덕은 박사의 건강 상식 · 51**
인터넷 사용 시간이 많고, 술을 많이 마시고, 잠을 덜 자면 비만의 세상이 활짝 열린다.

# 03
# 앉아 있는 시간이 많으면

대한소아과학회 영양위원회가 2006년 5월부터 2007년 1월까지 9개 대학병원과 1개 의원을 내원한 6~16세 소아·청소년과 학부모 311명을 대상으로 식습관과 행동 습관을 알아보기 위한 설문 조사를 실시했다. 그 결과는 다음과 같았다.

1) 228명이 과체중 진단을 받았고 하루에 운동하는 시간은 30분 이하가 가장 많았으며 소아는 2시간 이상, 청소년은 1시간 이상 TV를 시청했다.
2) 12~17세 청소년에서 텔레비전 시청이 1시간 추가될 때마다 비만의 유병률이 2% 증가하고 컴퓨터를 2시간 이상 사용하면 과체중 위험이 9.52배 높아졌다.

대한소아과학회는 좌식 생활을 하는 소아·청소년에게 움직임의 즐거움을 알리기 위해, 가볍게 누워서 하는 동작부터 서서하는 동작까지 단계별로 전신을 이용한 동작들이 동요 및 가요와 함께 진행되는 '소아·청소년 비만 예방 DVD'를 발매했다. 이는 어느 부위에 효과가 좋다는 설명을 넣는 대신 움직임의 즐거움을 일깨우기 위해 만들어졌다.

이화여자대학 목동병원 소아청소년과 서정완 교수의 한마디.

1) 좌식 생활을 대표하는 텔레비전을 하루에 2시간 이상 보면 비만 확률이 높아지고 3시간 이상 보면 당뇨, 고혈압 등을 동반하는 대사증후군의 위험이 높아진다.
2) 신체 활동 습관은 소아·청소년 비만에서 음식 섭취량보다 더 중요하기 때문에 어릴

때는 좌식 생활을 줄이고 한 시간씩 밖에 나가서 뛰어놀아야 한다.

3) 소아 · 청소년 비만을 해결하려면 움직이고 싶어야 하고, 자신이 하고 싶은 방법을 찾아서 하는 것이 중요한데 사춘기가 나타나는 청소년 시기에는 누가 강제적으로 살을 빼라고 하면 반항심이 생겨 살을 빼기가 더 힘들어질 수 있다.

4) 움직이는 게 재미있다는 것을 깨달아야 한다.

바리 브라운 교수가 이끄는 미국 매사추세츠 대학 연구팀과 미주리 대학 연구팀은 적당한 체중의 젊은 남녀를 활동적인 그룹과 비활동적인 그룹으로 나누어 식욕을 조사했다.

연구진은 한쪽 그룹의 남녀에게 부지런히 움직이며 12시간을 보내도록 요구했다. 스포츠 활동에 참여하지는 않았지만 걷고 집안일을 하며 시간당 10분 정도만 앉아 있도록 했다.

다른 그룹의 사람들에게는 앉아서 비디오를 보고 컴퓨터를 하며 거의 모든 시간을 보내도록 했다. 어딘가로 이동해야 한다면 휠체어를 사용하도록 했다.

연구진은 다음날 대상자들에게 아침을 제공하면서 식사를 하기 전과 후에 얼마나 배가 배고픈지를 물었다.

이 연구 결과는 '지나치게 앉아있기만 하는 것이 배고픔의 지각을 바꾸는지에 대한 첫 번째 실험'이란 제목으로 '미국생리학회(American Physiological Society)' 〈컨퍼런스〉에 2008년 9월 16일 발표되었고, 영국 〈데일리메일〉 온라인판과 〈데일리텔레그래프〉 온라인판에 2008년 9월 25일 보도되었다.

1) 가만히 앉아서 지낸 사람들이 배고픔을 훨씬 더 느끼는 것으로 나타났다. 아침 식사 전 비활동적인 사람들의 식욕은 활동적인 사람들보다 17% 더 강하게 나타났고 식사 뒤에도 활동적인 사람들만큼 포만감을 느끼지 못했다.

2) 움직이는 것이 식욕을 누그러뜨리고 움직이지 않는 것이 식욕을 더 오르게 했다.

3) 앉아만 있어도 배고픔과 포만감을 조절하는 호르몬의 수치가 변화했다.

4) 비활동적이고 게으른 사람들은 어디서든 쉽게 볼 수 있는데, 소파나 책상 앞에서 앉

아 있기만 한 사람이라면 먹은 칼로리를 소비시키지 못할 뿐만 아니라 오히려 칼로리를 더 원하게 될지도 모른다.

이와 관련하여 영국 애스턴 대학 식사행동심리학 전문가 마이크 그린 박사의 한마디.

"사람이 활동하는 동안의 시각과 촉각은 식욕을 자극하기 마련이다. 어떤 면에서는 그날의 배고픔과 포만감은 개인이 하루를 지내는 동안 음식과 관련한 경험에 의지한다. 가령 빵 굽는 냄새가 나는 빵집 앞을 지나면 갑자기 배가 고파지는 것과 같다. 이번 연구는 '아무것도 하고 있지 않을 때의 권태가 배고픔에 대한 고통을 줄이고 활동을 하면 칼로리를 없애 식욕을 더 당기게 한다'는 일반적 견해에 반하는 연구 결과다."

> **박덕은 박사의 건강 상식 · 52**
> 앉아 있는 시간이 많을수록 비만, 당뇨, 고혈압 등은 아주 좋아한다.

# 04
# 한 달만 게으름뱅이 생활을 하면

아사 애너슨 교수가 이끄는 스웨덴 린코핑 대학 연구팀은 평균 나이 26세의 참가자 18명을 대상으로 다이어트 실험을 했다. 연구팀은 먼저 참가자 모두에게 하루에 두 끼 이상 패스트푸드를 먹게 해 일일 섭취 칼로리를 70% 늘렸다. 동시에 그들이 하루 5천 걸음 이상 걷지 않도록 활동량을 제한했다. 이 연구 결과는 〈영양과 대사(Nutrition & Metabolism)〉(2010년 9월호)에 발표되었으며, 영국 일간지 〈인디펜던트〉에 2010년 9월 9일 보도되었다.

1) 4주가 지나자 실험 참가자들은 평균 몸무게가 6.4kg 늘었다. 이때 갑자기 찐 살의 대부분은 참가자들이 이전의 생활습관으로 돌아가자 6개월 만에 빠졌다. 그러나 실험 시점으로부터 1년이 지난 후 이들의 평균 몸무게는 평상시보다 1.5kg 늘었다. 실험 2년 반 후에 다시 몸무게를 재 본 결과 참가자들은 평소보다 평균 3.1kg이 불었다.

2) 별도로 평소의 생활습관을 유지토록 한 통제 그룹은 뚜렷한 체중 변화가 없었다.

3) 비록 길지 않은 기간이라도 아무렇게나 먹고 운동을 하지 않으면 이때 찐 살의 영향력은 생각보다 오래 갔다.

4) 게으름뱅이 생활은 잠깐이지만 '올챙이 배'는 여간해선 개선되지 않았다.

5) 한 달만 멋대로 놀고먹는 게으름뱅이 생활을 해도 향후 몇 년 동안은 정상의 체중을 찾지 못하게 된다.

**박덕은 박사의 건강 상식 · 53**
멋대로 놀고먹는 게으름뱅이 한 달 생활이 평생 몸을 괴롭히는 주범이 된다.

# 05
# 화를 잘 내면

　프랑스 성 폴브루스 병원 헤르만 나비 박사팀은 영국인 6,484명을 대상으로 1984~2004년 20년 동안 이들의 성격과 비만도와의 상관관계를 조사했다. 조사 대상자들은 1984년에 적대성 심리 검사를 받았으며, 이후 네 번에 걸쳐 비만도 측정을 받았다. 이 연구 결과는 〈미국 역학 저널(American Journal of Epidemiology)〉(2009년 2월호)에 발표되었으며, 미국 방송 〈MSNBC〉에 2009년 2월 27일 보도되었다.

1) 1984년 적대성 심리 검사 당시부터 적대적인 사람은 그렇지 않은 사람보다 비만도가 높았다. 하지만 이후 20년간 남녀 사이엔 차이가 발생했다.
2) 적대적 성격의 여성은 조사 기간 내내 그렇지 않은 사람보다 평균 몸무게가 더 나가는 상관관계가 유지되었다.
3) 남성은 나이가 들수록 체중 증가가 점점 더 심해지는 것으로 나타났다.
4) 적대적인 사람은 성격상 건강에 좋은 식습관, 운동 같은 지침을 잘 따르지 않거나, 아니면 우울해지기 쉽기 때문에 비만도가 높은 것 같다.

**박덕은 박사의 건강 상식 · 54**
화를 잘 내면 낼수록 몸은 뚱뚱해진다.

# 06
# 스트레스를 잘 이겨내지 못하면

    캐롤 시블리 교수가 이끄는 미국 웨이크포레스트 대학 연구팀은 암컷 원숭이 집단을 우리에 넣고 지방과 콜레스테롤이 많은 서양식 먹이를 주면서 스트레스가 복부지방에 미치는 영향을 관찰했다. 이 연구 결과는 〈비만(Obesity)〉지(2009년 8월호)에 발표되었으며, 미국 온라인 과학 뉴스 〈사이언스 데일리〉, 과학 논문 소개 사이트 〈유레칼러트〉 등에 2009년 8월 5일 보도되었다.

1) 우리 속의 원숭이들은 자연스럽게 서열을 형성했으며 서열이 낮은 원숭이들은 자주 공격을 받고, 위로의 주요 수단인 털 고르기도 거의 받지 못했다.

2) 지위가 낮은 암컷은 계속 스트레스를 받는 상황에 노출되었다.

3) 원숭이들의 몸을 조사했더니 서열이 낮은 원숭이들은 스트레스호르몬의 영향으로 복부지방이 크게 늘어나 있었다.

4) 복부지방이 쌓이면 암컷의 난소 활동이 위축되면서 여성호르몬 생산도 줄어들었다.

5) 여성호르몬 생산이 줄어들면 동맥경화증, 심장동맥질환의 위험이 커지면서 골다공증, 인지능력장애 같은 다른 질환 위험도 높아졌다.

6) 복부지방은 몸의 다른 지방과는 달리 피떡(피가 엉기면서 굳어 생기는 검붉은 색깔의 덩어리)을 더 많이 생기게 해 동맥경화증을 일으키며 심장질환 위험을 높인다.

7) 복부지방의 증가로 여성호르몬이 줄어든다고 해도 생리 주기가 달라지지는 않아 본인이 알기 힘들다.

8) 살찐 여성과 의료진은 이런 위험을 알고 건강 관리를 해야 한다.

9) 여자가 스트레스를 받으면 스트레스호르몬의 영향으로 복부지방이 쌓이면서 심장병 위험이 높아진다.

10) 여성은 여성호르몬의 도움으로 남성보다 심혈관질환이 10년 늦게 발생하지만 스트레스를 받는 여성은 이런 도움을 받지 못한다.

11) 이런 위험을 피하려면 여성들은 식습관 개선, 운동, 스트레스를 관리해야 한다.


리사 크로에츠 교수가 이끄는 미국 UC샌프란시스코 대학 연구팀은 과체중이거나 비만인 여성 600여 명을 대상으로 만성스트레스와 식습관이 어떤 연관이 있는지를 조사했다. 주택할부금 연체, 원하지 않는 직업, 부부간의 불화, 학교생활이 원만하지 않은 자녀, 몸이 아픈 가족의 장기간 간호 등을 만성적인 스트레스로 분류했다. 이 연구 결과는 2009년 11월에 개최되었던 미국 비만협회(the Obesity Society) 연례회의에서 발표되었으며, 〈USA투데이〉에 2009년 11월 3일 보도되었다.

1) 스트레스를 잘 이겨내지 못하는 여성은 배고픔을 참지 못해 다이어트에 실패할 가능성이 높다.
2) 만성적인 스트레스가 클수록 살찌는 고지방 음식을 더 많이 먹으며 배고픈 것을 참지 못하는 것으로 나타났다.
3) 이런 여성들은 체중 감량을 위해 고지방 음식은 물론 끼니를 굶는 등 극단적인 다이어트를 더 선호했다.
4) 극단적인 다이어트의 잦은 실패로 악순환을 겪으며 음식을 조절하는 자신감도 떨어지는 것으로 조사되었다.
5) 만성적 스트레스는 먹는 것의 조절을 어렵게 한다.
6) 음식을 먹는 것은 무의식적인 행동이기 때문에 기름진 음식들이 널려 있는 요즘 같은 환경에서는 먹는 것에 대해 더 의식적인 노력이 필요하다.
7) 만성적인 스트레스를 겪고 있는 사람들은 정서적인 허전함과 신체적인 배고픔의 차이에 주목해야 한다.
8) 배고픔과 스트레스에 대해 자각하면 우리 몸이 필요로 하는 한도 내에서 언제, 무엇을, 얼마나 먹어야 하는지를 조절할 수 있을 것이다.


미국 신시내티 아동병원 연구팀은 8~13세 남녀 111명을 대상으로 우울증 및 스트레스 정도를 측정하고 침 안에서 스트레스에 반응해 분비되는 호르몬인 '코르티솔' 수치가 어느 정도인지 관찰하며, 비만도와 어떤 관계가 있는지 분석했다. 이 연구 결과는 〈청소년 건강 저널(Journal of Adolescent Health)〉(2010년 2월호)에 소개되었으며, 미국 과학 논문 소개 사이트 〈유레칼러트〉, 온라인 과학 신문 〈사이언스 데일리〉 등에 2010년 2월 23일 보도되었다.

1) 스트레스나 우울한 기분 때문에 살이 찌는 현상은 주로 여자에게만 해당한다.

2) 우울감은 모든 아이들에게 코르티솔 수치를 상승시키는 것으로 나타났으나, 여자아이들에게는 코르티솔의 반응이 높을수록 비만 경향이 높았지만 남자아이들에게는 코르티솔과 비만과의 상관관계가 거의 나타나지 않았다.

3) 코르티솔이 여자에게만 비만을 일으키는 이유는 명확하지 않지만 남녀의 신체적 특성 및 불안감에 대처하는 행동 차이 때문인 것 같다.

4) 여자는 여성호르몬인 에스트로겐이 분비되고 음식을 먹어 스트레스를 해소하려는 경향이 있다는 점이 남자와 대비되는 대표적인 차이다.

5) 어렸을 때 우울증으로 스트레스를 받은 여자아이는 스트레스 조절을 통해 비만을 예방할 수 있을 것이다.


리셋클리닉 박용우(비만 치료 전문의) 원장의 한마디.

"비만의 가장 큰 원인은 만성스트레스다. 스트레스호르몬이 직접 조절 기능을 교란시키기도 하지만 스트레스로 인한 수면장애, 우울감, 과도한 음주, 탄수화물 중독 등도 조절 기능이 망가지는 이유가 된다. 설탕이나 흰 밀가루 음식, 포화지방(동물성 지방), 트랜스지방 등도 조절 기능에 영향을 주는 대표적인 유해 음식이다."


건강관리협회 광주·전남지부 윤정웅 원장은 2012년 5월 22일 스트레스에 대해 다음과 같이 말했다.

1) 스트레스를 줄이자, 이것이 최고의 건강법이다.

2) 스트레스를 받으면 교감신경이 활성화되고 혈액 내로 아드레날린과 코르티솔이 단시간에 분비되어 혈중 농도가 증가한다.

3) 스트레스가 해소되면 아드레날린과 코르티솔은 원래의 농도로 감소하지만 스트레스

가 지속되면 혈중에서 계속 높은 농도로 유지되어 우리 몸을 고갈 상태로 이끄는데, 이에 대한 반작용으로 우리 몸은 지방을 늘리려 하고, 근육량을 줄어들게 한다.

4) 스트레스호르몬이라는 코르티솔은 체중을 증가시키는 주범인데, 과다한 코르티솔은 더 많은 칼로리를 지방세포로 밀어넣어 에너지로 저장하기를 원하고, 지방세포의 분해나 산화를 억제시켜 지방조직이 늘어나도록 도와준다.

5) 코르티솔은 몸에서 대사 작용을 활발하게 하는 호르몬을 억제하여 전체적으로 에너지 소비를 감소시키고 대사를 느리게 만들어 비만을 초래한다.

6) 복부에 있는 지방세포는 코르티솔을 받아들이는 수용체가 많아서 스트레스호르몬이 많으면 복부비만이 심해진다.

7) 코르티솔은 뇌의 시상하부에 작용하여 식욕 중추를 자극함으로써 음식 섭취를 증가시킨다. 코르티솔은 특히 탄수화물과 짠 음식에 대한 갈망을 폭발하도록 한다. 즉, 당지수가 높은 음식, 설탕, 하얀 밀가루 음식, 짠 음식, 지방이 많고 칼로리가 높은 음식을 선호하게 만든다.

8) 스트레스를 해소시켜 줄 수 있는 '위안 음식(comfort food)'으로는 탄수화물이 대부분을 차지하는데, 이러한 음식이 뇌에서 트립토판을 증가시키고 세로토닌을 많이 만들어 과도한 스트레스를 경감시키는 역할을 한다.

9) 칼로리가 높은 음식은 뇌에서 오피오이드(생리적 마약 성분으로 엔돌핀 성분) 분비를 증가시켜 스트레스 감소에 도움을 준다.

10) 스트레스가 지속되면 자연스럽게 우리 몸은 이러한 보상을 원하면서 더 많은 '위안 음식'을 찾게 되고 결국은 폭식 장애로 이어진다.

## 박덕은 박사의 건강 상식 · 55

만성적인 스트레스가 클수록 배고픈 것을 참지 못해 고지방 음식을 더 많이 먹게 되므로 주의해야 한다.

# 07
## 우울해 하면

정신과 니콜 보겔장스(Nicole Vogelzangs) 교수가 이끄는 네덜란드 자유 대학 의료센터 연구팀은 70~79세 2,088명을 조사했다. 시작할 때 우울병 검진과 더불어 전신비만과 복부비만을 측정하고 5년 후에도 체크했다. 전신비만 측정에는 BMI와 체지방률이 사용되었다. 복부비만 여부는 허리둘레, 복부 전후 직경(등과 복부의 최대 거리)과 CT로 측정한 내장지방(내장 주위의 지방)으로 체크했다.

이 연구 결과는 〈Archives of General Psychiatry〉에 2009년 3월 3일 발표되었다.

1) 우울 증상을 보이는 고령자는 체지방이 아닌 내장지방이 축적될 가능성이 높다.

2) 고령자의 약 10~15%는 우울 증상을 보였다.

3) 우울병은 당뇨병, 심혈관질환, 사망과 관련이 있다.

4) 이러한 질환을 예방하는 첫걸음은 우울병과 이러한 질환의 관련성을 해명하는 것이다.

5) 시작 당시 참가자의 4%에서 우울 증상이 나타났다.

6) 체중 변화에 따른 사회·인구학적 특징을 조사한 결과, 우울병과 5년 동안의 복부 전후 직경과 내장지방 증가 사이에 관련성이 있었다.

7) 우울병과 전신비만 증가 사이의 관련성은 나타나지 않았다.

8) 복부 전후 직경과 내장지방과의 관련성은 전신비만의 변화와는 무관한 것으로 나타났으며, 우울 증상은 내장 지방 축적과 특별한 연관성이 있는 것으로 보였다.

9) 우울병이 복부지방을 증가시키는 이유에는 몇 가지 기전이 있다. 만성스트레스와 우울병이 있는 경우에는 뇌의 특정 영역이 활성화되어 코르티솔이 상승할 가능성이 있으며, 이 코르티솔은 복부지방의 축적을 촉진시킨다.

10) 우울병 환자는 균형을 잃은 식생활 등 건강하지 못한 라이프스타일을 가질 가능성

이 있는데, 이것이 다른 생리학적 요인과 상호 작용을 일으켜 복부비만을 증가시키는 것으로 보인다.

11) 우울 증상은 복부비만, 특히 내장지방을 증가시켰다.

12) 이번 연구 결과는 우울병 환자에서 당뇨병이나 심혈관질환이 왜 많이 발생하는지를 설명해 줬다.

13) 우울병과 관련한 질환을 예방하거나 치료에 대한 중요한 정보를 얻기 위해서라도 향후 이러한 관련성의 메커니즘을 좀더 해명해야 한다.


린다 포웰 박사가 이끄는 미국 러쉬대 대학병원 연구팀은 시카고의 여성 건강 프로젝트에 참여한 중년 여성 409명을 대상으로 우울증 증상이 어느 정도인지 파악하고, 컴퓨터단층 촬영법(CT)으로 이들의 실제 내장지방량을 측정했다. 이 연구 결과는 〈정신신체 의학(Psychosomatic Medicine)〉(2009년 5월호)에 발표되었으며, 미국 과학 논문 소개 사이트 〈유레칼러트〉, 온라인 과학 뉴스 〈사이언스 데일리〉 등에는 2009년 4월 28일 소개되었다.


1) 우울증이 내장지방을 축적시키며 결국 심혈관질환 및 당뇨병을 일으켰다.

2) 우울증과 내장지방 사이에 분명한 상관성이 보였다.

3) 우울한 사람은 과체중과 비만인 경우가 많았다.

4) 우울한 사람은 내장지방 축적률도 높았다.

5) 신체 활동을 얼마나 하는지 등 다른 요인을 고려해도 우울한 사람의 내장지방 축적률은 확실히 높았다.

6) 피하지방과 우울증은 상관성이 없었다.

7) 우울증이 스트레스호르몬인 코르티솔을 더 만들어내 내장지방 축적을 유발하는 것 같다.

8) 스트레스호르몬이 많이 만들어지면 인체는 '위기 상황'에 대비해 지방을 축적하기 시작한다.

9) 내장비만은 결국 심혈관질환과 당뇨병의 위험을 높이는 중요한 원인이 된다.


**박덕은 박사의 건강 상식 · 56**
우울증은 내장지방을 축적시키는 데 기여한다.

# 08
# 비만이 건강에 해롭다는 사실을 모르면

플로리다 대학 응급의학과의 매튜 라이언 교수가 이끄는 플로리다 대학 연구팀은 부속 대학병원 응급실에 온 환자 중 임의로 선정한 450명에게 두 가지 질문을 던졌다.

"귀하의 현재 체중이 건강에 해를 끼친다고 생각하십니까?"

"의사나 의료 관계자에게서 당신이 과체중이라는 말을 들은 일이 있습니까?"

그 결과는 다음과 같았다. 이는 2011년 10월 15일 미국 응급의사협회(American College of Emergency Physicians) 회의에서 발표되었으며, 〈헬스데이〉 뉴스가 2011년 10월 15일 보도했다.

1) 응급실에 온 비만자 중 많은 사람이 '비만이 건강에 해롭다'는 것을 모르고 있을 뿐만 아니라 의사에게서 그런 말을 들은 적이 없다고 응답했다.

2) 자신의 체중이 건강에 해롭다는 것을 아는 사람 중 19%만이 이 문제를 의료 관계자와 의논한 적이 있다고 응답했다.

3) 의료 관계자에게서 자신의 체중이 건강에 해롭다는 말을 들은 사람 중 '그게 사실'이라고 생각하는 사람은 30%에 불과한 것으로 나타났다.

4) 응답자들의 체지방 수치를 알기 위해 체질량 지수와 손목 둘레를 측정한 결과 비만이나 과체중인 사람 중 자신의 체중에 문제가 있다는 것을 알고 있는 비율은 47%에 불과했고, 나머지 53%는 아예 모르고 있었다.

5) 여성은 비만이 건강에 문제를 일으킨다는 것을 남성에 비해 좀더 잘 알고 있었다.

6) 비만이거나 과체중인 여성 중 62%가 자신의 체중이 건강에 해를 끼친다고 응답했다.

7) 전체적으로 보아 체질량 지수가 30이 넘어 비만으로 분류된 사람 10명 중 3명은 스스로의 체중이 건강에 문제가 된다는 사실을 모르고 있었다.

8) 비만은 고혈압, 당뇨, 암, 퇴행성 관절염, 쓸개질환, 심장병, 뇌졸중, 대사질환 등과 직접 관련이 있었다.

9) 과체중이거나 비만인 사람이 의사로부터 이것이 건강에 문제가 된다는 사실을 들은 비율은 남성의 경우 36% , 여성은 50%에 불과했다.

미국 식이요법협회의 케리 간스 대변인은 이렇게 말했다.

"비만인 사람은 '체중을 줄이지 않으면 질병에 걸릴 위험이 크다'는 말을 의사들에게서 들어야 한다. 그렇지 않으면 '음, 걱정할 일이 없군' 하는 생각을 가질 위험이 있다."

미국 연방질병통제센터(CDC.Center for Disease Control)는 다음과 같이 밝혔다.

1) 1985~2004년까지 20년 동안 소아비만은 2배, 청소년 비만은 3배 이상 증가했다.

2) 비만 청소년의 61%는 심장병, 고콜레스테롤, 고혈압 발병 위험이 높은 것으로 밝혀졌다.

**박덕은 박사의 건강 상식 · 57**
스스로의 체중이 건강에 문제가 된다는 사실을 알고 있어야 비만을 막을 수 있다.

# 09
# 운동 부족 상태가 되면

　비만은 한마디로 섭취 열량이 소비 열량보다 많은 상태라고 정의할 수 있다. 이 중 섭취 열량이 많은 경우가 너무 많이 먹은 것이라면 소비 열량이 적은 것은 운동이 부족하다는 것이다. 열량을 다 소비할 만큼 운동을 많이 한다면 비만이 유발될 염려는 없을 것이다. 반대로 적게 먹었다 하더라도 그보다 더 운동을 많이 한다면 마른 몸매가 될 것이다. 반대로 적게 먹었다 하더라도 운동량이 적어 열량을 다 소비하지 못한다면 비만이 될 수 있다.

　이렇게 운동 부족이 살찌는 데 작용하는 원리는 다음과 같다.

　첫째, 신체가 필요로 하는 최소한의 에너지인 기초대사량이 감소되어 저장 에너지가 늘어나기 쉽다.

　둘째, 인슐린 분비를 증가시켜 식욕을 증가시키고 체지방 합성을 촉진한다.

　셋째, 지방합성효소의 분비를 촉진시키고 지방분해효소의 분비를 저하시킨다. 운동을 하면 카테콜라민이라는 호르몬이 분비되어 지방을 분해하게 된다.

**박덕은 박사의 건강 상식 · 58**
신체가 필요로 하는 최소한의 에너지인 기초대사량을 늘려 저장 에너지를 줄여야 비만을 막을 수 있다. 그러니 적절한 운동을 하자.

# 10
# 담배를 피우면

미국 필라델피아 모넬화학감각센터 야니나 페피노 박사팀은 미국 21~40세 여성을 대상으로 흡연과 식욕의 관계를 조사했다. 이 연구 결과는 〈임상시험연구 알코올 중독판〉(2007년 10월)에 발표되었다.

1) 여성이 담배를 피우면 남성보다 식욕이 더 왕성해진다.
2) 특히, 가족 중에 알코올 중독자가 있는 흡연 여성의 식욕이 눈에 띄게 증가한 것으로 나타났다.
3) 27명의 흡연 여성과 22명의 비흡연 여성을 대상으로 단맛을 얼마나 좋아하는지 또 단 음식을 보고 식욕을 얼마나 느끼는지를 조사한 결과, 식욕이 눈에 띄게 증가한 흡연 여성 중 18명과 비흡연 여성 중 9명은 가족 중 한 명이 알코올 중독 경험이 있었다.
4) 가족 중 알코올 중독자가 있는 여성의 경우 높은 농도의 단맛을 좋아하며 단 음식에 대한 식욕도 강한 것으로 나타났다.
5) 담배를 피우고 싶다는 욕구가 강한 여성일수록 식욕도 함께 증가했다.
6) 흡연이 단맛의 감각을 떨어뜨리지만 식욕은 오히려 증가했다.
7) 담배를 피우려는 욕구가 늘어날수록 지방과 탄수화물이 많이 든 음식에 대한 욕구도 강해졌다.

수오마 사르니 교수가 이끄는 핀란드 헬싱키 대학 연구팀은 1975~1979년 사이에 태어난 핀란드 쌍둥이 4,300명을 대상으로 10대 때의 흡연과 그 영향을 조사했다. 이 연구 결과는 보건학 학술지 〈미국 공중보건 저널(American Journal of Public Health)〉(2009년 1월호)에 게재되었으며, 미국 방송 〈MSNBC〉 온라인판에 2008년 12월 17일 보도되었다.

1) 쌍둥이 중 12%는 10대에 담배를 피웠으며 약 50%는 담배를 피우지 않았다.

2) 20대 초반이 되었을 때 이들의 허리둘레를 비교해 봤더니 10대 때 담배를 매일 10개 피 이상 피운 여자는 담배를 피우지 않은 여자보다 평균 허리둘레가 3.4cm 더 두꺼웠으며, 과체중 비율도 2배나 높았다.

3) 흡연의 영향으로 허리둘레가 두꺼워지는 현상은 남자보다 여자에게서 더 두드러졌다.

4) 부모의 체중, 생활습관, 식습관 등 선천적, 후천적으로 살이 찔 수 있는 여러 여건과는 상관없이 10대 때 흡연을 한 사람은 20대 때 허리가 굵어지고 과체중이 될 확률이 높았다.

5) 체질량 지수(BMI)가 비슷해도, 흡연 경험자는 허리둘레가 더 두꺼웠다.

6) 체중은 비슷해도 특히 흡연 경험자의 허리가 두꺼워지는 경향이 나타났다.


프랜시스코 바스테라 고타리 교수가 이끄는 스페인 나바라 대학 연구팀은 흡연과 체중 증가의 관계를 밝히기 위해 7,565명의 사람들을 50개월 동안 조사했다. 연구진은 연구 대상자의 나이, 성, 체질량 지수와 생활습관을 파악했다. 연구팀은 생활습관 중에서도 신체 활동, 간식이나 음료수를 많이 먹는지, 패스트푸드 섭취와 음주, 흡연에 특히 주목했다. 이 연구 결과는 〈스페인 심장 저널〉(2010년 4월호)에 발표되었으며, 미국의 과학 사이트 〈유레칼러트〉에 2010년 4월 22일 보도되었다.

1) 연구 기간 동안 금연한 남성은 체중이 평균 1.63kg 늘었으며 금연한 여성은 1.51kg 늘었다.

2) 계속 담배를 피운 경우 남성은 체중이 0.49kg, 여성은 0.36kg 늘었다.

3) 담배를 계속 피우든 중단하든 일정 수준의 몸무게가 느는 것은 공통이었다.

4) 흡연은 몸매 유지를 위한 수단이 되지 못했다.

5) 담배를 피우든 안 피우든 상관없이 살이 찌는 이유는 명확하지 않으나 흡연자가 상대적으로 음주나 다른 나쁜 생활습관에 노출될 가능성은 훨씬 높았다.

6) 담배를 끊으면 살이 찐다는 속설이 있지만 흡연을 계속하는 사람도 몸무게가 느는 것은 마찬가지였다. 그러므로 많은 사람들이 살이 많이 찔까 봐 담배를 계속 피운다는 핑계는 잘못된 것이다.

흡연은 단맛의 감각을 떨어뜨리지만 지방과 탄수화물에 대한
식욕을 더 증가시킨다.

# 11
# 사회적 시차가 발생하면

'사회적 시차(social jet lag)'는 인체 고유의 생체시계와 하루 일과 사이의 시차를 장거리 항공 여행에 빗대 명명한 용어이다. 이 사회적 시차가 비만을 야기한다는 연구 결과가 나왔다. 독일 뮌헨의 루트비히 막시밀리안 대학 틸 로엔베르그 교수가 이끄는 연구팀은 65,000명의 유럽인들을 대상으로 이들의 수면 형태, 신장, 체중, 나이와 성별 등 데이터를 분석했다. 비록 이 연구는 사회적 시차와 비만의 상관관계를 분명히 제시하지는 못했지만, 밀린 잠을 보충하기 위해 휴일에 잠을 더 자면 신체 리듬의 혼란이 비만으로 이어질 수 있다고 추정했다.

이 연구 결과는 〈생물학 동향(Current Biology)〉 저널에 발표되었으며, 미국 〈CBS 방송〉에 2012년 5월 10일 보도되었다.

1) 우리 몸속의 생체시계는 더 자고 싶어하는데, 출근이나 등교를 위해 알람 소리에 맞춰 억지로 일어나면 사회적 시차가 발생한다, 이 같은 시차가 비만을 낳는다.

2) 사회적 시차를 호소한 사람들이 체질량 지수가 높은 것으로 나타났다.

3) 대부분의 사람들이 일상생활에서 지키는 시계는 이상적인 수면 시간대와 일치하지 않는 것으로 나타났다.

4) 사람마다 낮에 활동적인 '아침형 인간'과 밤에 활동적인 '올빼미형 인간'이 있는데, 대부분의 사람들은 자신의 스타일과는 상관없이 획일화된 시계에 따라 생활하고 있다.

5) 많은 현대인들이 아침 일찍 일어나 직장생활을 하고 있는데, 이로 인한 생물학적 시계와 사회적 시계 간의 괴리가 비만을 낳고 있다.

6) 밀린 잠을 보충하기 위해 휴일에 잠을 더 자는 것은 신체 리듬에 혼란을 야기해 비만으로 이어질 수 있다.

출근이나 등교를 위해 알람 소리에 맞춰 억지로 일어나면 사
회적 시차가 발생하는데, 이 같은 시차가 비만을 유발한다.

# 12
# 집안을 어지럽게 해놓고 살면

　영국 사물 관리 전문가인 카렌 킹스턴은 몇 년간의 연구를 통해 다음과 같이 밝혔다. 이 연구 결과는 베르너 티키 퀴스텐마허와 로타르 J. 자이베르트의 공저 〈단순하게 살아라(Simlify your life)〉에서 다시 구체적으로 언급되었다.

1) 집안을 어지럽게 해놓고 사는 사람들이 비만인 경우가 많았다.

2) 몸에 축적되는 지방분과 물질적인 풍요를 자신을 보호하는 방패막으로 여겼을 것으로 분석된다.

3) 지나친 비만은 '정신적인 변비'라고 말할 수 있다.

4) 몸 다이어트 이전에 집안 다이어트를 먼저 시작해 볼 필요가 있다.

5) 먼저 집안부터 깨끗이 정리하고 나면, 육체 다이어트는 저절로 이뤄진다.

6) 잘 정리정돈 된 집에서는 음식을 꾸역꾸역 먹어댈 수 없다.

7) 몸이 신진대사를 원활히 하지 않고 영양분을 차곡차곡 비축해 두지 못하도록 해야 한다.

**박덕은 박사의 건강 상식 · 61**

비만이 되고 싶은가? 그러면 집안을 어지럽게 해놓고 살아라.

# 13
# 밤에 일정량의 잠을 자지 않으면

미국 수면협회에서 권장하는 아동·청소년의 적정 수면 시간은 미취학 아동은 11~13시간, 10세 미만은 10~12시간, 13세 미만은 9~11시간, 13세 이상은 8시간~9시간이다.

어린이병원 줄리 루멍 교수가 이끄는 미국 미시건 대학 연구팀은 9세와 12세 아동 785명을 대상으로 수면 시간과 체질량 지수(BMI)를 조사했다. 이들은 남녀 각 50%였으며 백인 81% 그 외 인종 19%였다. 부모의 사회·경제적 지위도 다양했다. 이 연구 결과는 〈소아과학회지(Journal of Pediatrics)〉에 2007년 11월 5일 발표되었다.

1) 잠이 부족한 아이는 탄수화물과 지방 섭취 조절에 실패해 비만이 될 가능성이 높았다.

2) 과체중이거나 비만인 아이들은 하루에 9시간보다 적게 자는 것으로 나타났다.

3) 특히, 12세 아동은 하루에 1시간 적게 잘수록 비만이 될 가능성이 20%씩 증가했고, 9세 아동은 1시간 적게 잘수록 비만이 될 가능성은 40%씩 높아졌다.

4) 이 같은 현상은 성별, 인종, 사회·경제적 여건에 관계없이 나타났다.

5) 아이들이 잠을 못 자면 지방과 탄수화물을 흡수하고 배설하는 호르몬이 손상되어, 지나치게 많은 양의 지방과 탄수화물을 먹게 된다.

6) 이런 현상이 심해지면 포도당과 인슐린 수치에도 악영향을 줘 당뇨병이 생길 수도 있다.

7) 잠이 부족하면 아이의 성격에도 영향을 줘 우울해지고 짜증을 많이 부리게 된다.

가톨릭대학 강남성모병원 가정의학과 김경수 교수의 한마디.

1) 비만은 운동 부족, 식습관, 유전적 요인이 복합적으로 작용한다.

2) 아이들의 수면 시간은 비만의 간접적인 원인이 될 수 있다.

3) 뚱뚱해지면 코골이, 수면무호흡증 등으로 숙면을 취할 수 없어 수면 부족과 비만의 악순환에 빠질 수 있다.

뉴질랜드 오클랜드 대학 에드 미첼 박사팀은 어린이들의 성장 과정과 건강 상태를 출생부터 7년 동안 관찰하면서 7세 어린이 591명의 수면 상태를 분석했다. 특히 하루 평균 수면 시간이 9시간 미만인 어린이를 9시간 이상인 어린이와 비교했다. 이 연구 결과는 〈수면(the journal sleep)〉지에 2008년 1월 발표되었다.

1) 하루 평균 수면 시간이 9시간 미만인 어린이는 9시간 이상인 어린이와 비교했을 때 비만율이 3.34% 높았다.

2) 잠이 적은 아이는 비만일 확률이 높고, 선잠을 자 수면의 질이 낮은 성인은 당뇨병 발병률이 높았다.

3) 어른 아이 할 것 없이 잠이 부족하면 모두 건강에 해롭다.

4) 어린이들의 평균 수면 시간은 10.1시간으로 나타났는데 수면 시간이 줄어들수록 몸무게와 체지방은 증가한 것으로 나타났다.

5) 특히 어린이들의 수면 시간은 평일보다 주말에, 다른 계절보다 여름에 더 짧은 것으로 관찰되었으며 동생이 없거나 밤 9시 이후에 잠든 어린이의 수면 부족 현상이 더 두드러졌다.

6) 충분한 수면은 건강을 지키고 삶의 질을 높이는 데 영향을 준다.

7) 이번 연구는 어린이 개개인의 육체적 활동이나 TV 시청과는 별개로 진행돼 개인차가 있을 수 있지만 어린이의 수면과 비만율의 상관관계가 명확하게 밝혀졌다.

**참조:** 에스라 타살리 교수가 이끄는 미국 시카고 대학 연구팀은 21~31세 성인 남자 5명, 여자 4명을 대상으로 수면 형태와 혈당 수치를 관찰했다.

이 연구 결과는 〈미국 국립과학원회보 (PNAS · Proceedings of the National Academy of Sciences)〉(2008년 1월)에 발표되었다.

1) 수면의 질이 낮아 깊은 잠에 들지 못하는 성인들은 당뇨병에 걸릴 위험이 높다.

2) 숙면에 들지 못하면 혈당을 조절하는 능력이 25% 감소해 '2형 당뇨병' 발병률이 높아졌다. '2형 당뇨병'은 우리 몸에 인슐린 저항성이 생기거나 췌장의 인슐린 분비 결핍 현상이 나타났을 때 생기는데, 한국을 포함한 세계 당뇨병 환자의 90% 이상이 걸리는 가장 흔한 당뇨병이다.

3) 수면 부족이 혈당 조절 능력에 영향을 준다는 것은 다른 연구를 통해서도 알려져 왔지만, 이번 연구를 통해서 수면의 질도 원인으로 나타났다.


수면의학센터의 페트릭 스트롤로 교수가 이끄는 미국 펜실베이니아 주 피츠버그 대학 연구팀과 버지니아 주 노퍽 종합병원 수면장애센터 연구팀은 잠과 체중의 상관관계를 알아보기 위해 2개의 연구를 진행했다. 하나는 1,000명의 남성과 1,000명의 여성을 대상으로 수면 부족 시간과 체중 증가를 비교 분석하는 것이었고, 다른 하나는 20대 남성 12명을 대상으로 하루 수면 시간을 2시간으로 제한해 이틀 동안 조사하는 것이었다. 이 연구 결과는 미국 의학 뉴스 웹진 〈헬스데이(HealthDay)〉에 2008년 3월 16일 보도되었다.


1) 수면 부족이 몸무게 증가와 밀접한 연관이 있었다. 즉, 잠을 충분히 자지 않으면 몸무게가 늘어났다.

2) 잠이 부족하면 렙틴과 그렐린의 호르몬 수치에 변화를 일으켜 체중이 증가했다.

3) 수면 시간을 2시간으로 제한한 연구 대상자의 렙틴 수치는 평균 18% 감소했고, 그렐린 수치는 28% 증가한 것으로 나타났다. 이때 연구 대상자의 24%가 배고픔을 강하게 호소했다.

4) 잠과 건강은 밀접한 관계가 있다.

5) 잠이 부족하면 체중은 물론 호르몬, 식욕, 기분에도 영향을 끼친다.

6) 보통의 성인은 하루에 7~8시간 정도 잠을 자면 충분하다고 느끼지만, 잠에 대한 기준은 개인마다 차이가 있어서 하루에 5시간 자고도 만족하는 사람이 있는가 하면 10시간 이상을 자야만 하는 사람도 있다.


〈나는 배고프다?(Am I Hungry?)〉의 작가 마이클 메이의 한마디.

"과체중인 사람은 코를 심하게 곯거나 자면서 숨쉬지 않는 무호흡증이거나 저녁 7시 이후의 식사량이 하루 전체 섭취량의 50% 이상을 차지하는 야식증후군 때문에 보통사람보다 더욱 잠들기 힘든 편이다."

미국 피츠버그대 의과대학 서양정신과학연구소 시앤천 류 박사팀은 7~17세 어린이·청소년 335명을 대상으로 전체 수면 시간, REM 수면 시간, 잠들기까지 시간 등 수면 패턴을 3일에 걸쳐 수면다원검사로 측정하면서, 수면 형태와 비만의 관계에 대해 조사했다. 이 연구 결과는 〈일반정신의학기록(Archives of General Psychiatry)〉(2008년 8월호)에 게재되었으며, 영국 일간지 〈텔레그래프〉, 미국 시사 주간지 〈유에스 뉴스 앤드 월드 리포트〉 온라인판 등에 2008년 8월 4일 보도되었다.

1) 체질량 지수에서 13.4%는 이미 과체중이었고, 14.6%는 과체중의 위험으로 나타났다.

2) 정상 몸무게의 어린이·청소년에 비해 과체중 그룹은 침대에서 잠들기까지의 시간도 오래 걸렸으며, REM 수면 시간도 짧았고, 첫 번째 REM 수면이 오기까지의 시간도 오래 걸리는 등 깊은 잠을 못 자는 것으로 나타났으며, 전체적인 수면 시간도 평균 22분 짧았다.

3) REM 수면은 잠을 자는 동안 안구의 움직임이 급속하게 빨라지는 단계로 흔히 '꿈을 꾸는 상태'인 깊은 수면을 말하는데, 잠을 잘 자는 사람들은 하룻밤에 보통 4, 5번의 REM 수면을 하는데 비해, 전체적으로 수면 시간이 부족하거나 REM 수면이 줄어든 청소년일수록 비만 가능성이 높았다.

4) 전체 수면 시간이 1시간 줄어들면 과체중의 위험은 2배로 늘어났지만, REM 수면 시간이 1시간 줄어들면 과체중의 위험은 3배나 커졌다.

5) 잠을 덜 자면 배고픔에 영향을 주는 호르몬 수치가 변하게 되고 잠을 덜 잔다는 것 자체가 무언가를 먹을 수 있는 시간이 증가한다는 것을 의미한다.

6) 잠을 덜 자면 낮에 피곤해지기 때문에 움직임도 줄어들고 칼로리 소모도 줄어든다.

7) 예전에 비해 어린이·청소년들의 체중은 점점 늘어나고, 수면은 불충분하기 때문에 공중 보건의 관점에서 가정과 학교가 노력해야 한다.

8) 잠을 충분히 자는 것이 어린이·청소년의 비만뿐만 아니라 2형 당뇨병의 위험도 예방할 수 있다.

어윈 교수가 이끄는 미국 로스앤젤레스 캘리포니아 대학 연구팀은 건강한 성인의 수면 시간과 면역체계 반응을 측정, 분석했다. 연구팀은 연구 대상자를 세 그룹으로 나눈 뒤 한 그룹은 밤 11시부터 새벽 3시까지만 자게 해 잠이 부족하게 했고, 다른 한 그룹은 정상적으로 자게 했으며, 나머지 그룹은 잠이 부족하게 한 뒤 나중에 모자란 잠을 보충하게 했다. 피험자들이 잠을 자고 난 아침에는 '엔에프 카파 비((NF)-κB, 체내 면역체계가 염증반응을 일으키는 데 중요한 역할을 하는 염증반응경로)'의 신호 수치를 측정했다. 이 연구 결과는 의학 전문지 〈생물정신의학(Biological Psychiatry)〉(2008년 9월)에 발표되었으며, 미국 온라인 과학 뉴스 사이트 〈사이언스 데일리〉, 의학 논문 소개 사이트 〈유레칼러트〉 등에 2008년 9월 4일 보도되었다.

1) 잠이 부족한 사람은 충분히 잔 사람 또는 모자란 잠을 보충한 사람에 비해 (NF)-κB 신호가 심각하게 증가했다.
2) 잠이 부족하면 체내 기관과 조직에 염증을 만드는 세포 경로의 방아쇠가 당겨져 류머티즘 관절염과 같은 질환을 일으킬 위험이 있다.
3) 직장과 학교, 사회생활에서 오는 육체적 또는 정신적 스트레스로 잠을 잘 자지 못하는 사람이 많은데 잠이 부족하면 심장병, 당뇨병, 비만 등을 유발할 수 있다.

이와 관련하여 〈생물정신의학〉지의 존 크리스탈 편집인의 한마디.

"수면 부족과 면역체계 손상의 메커니즘을 밝혀낸 이번 연구는 잠이 인간의 건강을 유지하는 데 얼마나 중요한지를 다시 한번 입증했다."

아주대 대학병원 내분비대사내과 김대중 교수는 2001년, 2005년 질병관리본부의 국민건강영양조사 자료를 이용해 20~65세 성인 남녀 8,717명을 조사했다. 이 연구 결과는 세계적 학술지인 네이처의

자매지 〈비만(Obesity)〉(2009년 2월호)에 발표되었다.

1) 하루 5시간 미만으로 잠을 자는 사람들의 허리둘레가 가장 굵었고, 비만도를 나타내는 체질량 지수(BMI)도 가장 높았다.
2) 체질량 지수가 25를 넘거나, 허리둘레가 남자 90cm, 여자 85cm를 넘으면 비만으로 분류했으며, 조사 대상자의 평균 수면 시간은 6.9시간이었다.
3) 체질량 지수 25를 갓 넘은 사람들은 수면과 비만도 사이에 연관이 있었다.
4) 체질량 지수 30 이상의 고도 비만 환자들에게선 수면과 체중 증가 사이에 연관성이 관찰되지 않았다.
5) 잠을 덜 자는 사람들이 더 뚱뚱한 이유는 호르몬의 영향 때문이다.
6) 렙틴(식욕 억제 호르몬)과 그렐린(식탐 호르몬) 같은 호르몬은 수면과 깊은 관련이 있다.
7) 늦게까지 잠을 안 자고 있으면 지방질 분해는 안 되면서 배고픔이 느껴져 야식을 찾게 된다.


미국 콜럼비아 대학 정신과 제임스 강비쉬 교수의 한마디.

"1982~1984년, 1987년, 1992년의 미국인 건강영양조사 자료를 분석한 결과, 하루 7시간 미만으로 자는 사람에게 비만이 더 많았다. 도시 사람들과 생활 패턴, 식습관이 다른 농촌 사람들을 대상으로 한 연구에서도 잠을 충분히 자지 못할수록 더 뚱뚱했다."

안 엘리아슨 박사가 이끄는 미국 월터리드 육군병원 연구팀은 간호사 14명에게 전자 팔찌를 채워 이들의 활동량, 체온, 자세, 휴식 시간 등을 측정했다. 이 연구 결과는 2009년 5월 미국 샌디에이고에서 열린 〈미국 흉부학회(American Thoracic Society)〉 학술대회에서 발표되었고, 미국 온라인 과학 뉴스 〈사이언스 데일리〉, 과학 논문 소개 사이트 〈유레칼러트〉 등에 2009년 5월 17일 보도되었다.

1) 잠을 짧게 자는 사람은 체질량 지수가 28.3으로 푹 자는 사람(24.5)보다 높았다. 일반적으로 체질량 지수가 높을수록 비만도가 높다.
2) 짧게 잠을 자는 사람들은 잠드는 데 더 오래 걸렸으며 잠의 효율성도 떨어졌다.

3) 잠을 적게 자는 사람은 하루에 14,000걸음을 걸어 푹 자는 사람(11,300걸음)보다 25%를 더 걸었다.

4) 소모 칼로리도 잠을 적게 자는 사람이 평균 3,064kcal로 푹 자는 사람(2,080kcal)보다 1,000kcal 정도를 더 소비했음에도 불구하고, 이런 활동량은 체중 감소에 전혀 반영되지 않았다.

5) 잠을 적게 자는 사람의 활동량이 이렇게 많은 것은 집중력이 떨어져 일을 비효율적으로 하기 때문에 같은 양의 일을 하면서도 갔던 데를 또 가는 등 더 많이 움직이기 때문일 수 있다.

6) 잠을 적게 자는 것이 ‘포만감을 느끼게 하는 호르몬’ 렙틴 등의 균형을 깨뜨려 더 많이 먹게 하는 것 같다.

7) 잠을 적게 자는 사람이 더 살찌기 쉬운 이유는 호르몬 균형이 흐트러지면서 스트레스를 받아 더 먹게 되기 때문인 것 같다.

8) 스트레스는 잠의 질을 떨어뜨리고 더 많이 먹게 하는 것 같다.


크리스틴 헤어스턴 교수가 이끄는 미국 웨이크포레스트대 의과대학 연구팀은 19~81세 아프리카계 미국인 332명과 히스패닉계 미국인 775명, 총 1,107명을 관찰했다. 수면 습관, 식습관, 운동 수준 및 생활 습관 등을 조사하고 컴퓨터단층촬영(CT)을 통해 이들의 복부지방이 어느 정도인지 측정했다. 이 연구 결과는 〈수면(Sleep)〉지 (2010년 3월호)에 발표되었으며, 미국 〈ABC방송〉 온라인판에 2010년 3월 1일 보도되었다.


1) 40세 이하인 사람들에게는 수면 패턴이 복부지방에 큰 영향을 주는 것으로 분석되었다.

2) 수면 시간이 적은 사람은 내장지방량도 높게 나타났다.

3) 하루 5시간 이하로 짧게 자는 사람의 내장지방 비율은 32%, 8시간 이상 자는 사람의 내장지방 비율은 22%로 측정되었다. 적게 자는 것은 과하게 자는 것보다 복부비만에 안 좋은 것으로 나타났다.

4) 하루 6~7시간 자는 사람 중에서 내장비만으로 판정을 받은 사람은 13%에 그쳤다.

5) 개인마다 자신에게 필요한 수면 시간이 다를 수 있지만, 하루 5시간 이하로 너무 짧게 자는 것은 건강에 해를 끼치기 쉽다.

6) 수면 부족이 복부지방을 유발하는 데에는 여러 원인이 있는데, 잠이 부족한 사람은 충

분하게 수면을 취한 사람에 비해 움직임이 둔해져 살이 잘 찌게 된다.

7) 수면 부족은 식욕 조절 호르몬 수치에 영향을 줘서 과식을 유발한다.


수전 레드라인 교수가 이끄는 미국 하버드 대학 연구팀은 16~19세 청소년 240명을 대상으로 수면 패턴과 식습관을 조사했다. 이들 청소년들의 수면 시간을 3일 이상 체크하여 그 평균을 구했고, 또한 이들이 잠을 안 자고 깨어있을 때 어떤 음식을 먹는지 모니터링하여, 조사 결과를 발표했다. 이는 〈수면(Sleep)〉지 2010년 9월 1일자에 발표되었으며, 미국의 과학 사이트 〈유레칼러트〉에 2010년 9월 1일 보도되었다.

1) 평일에 하루 8시간 이상 자지 않는 청소년들은 잠을 충분히 자는 청소년에 비해 기름진 음식을 많이 먹고 군것질도 더했다.

2) 이들 청소년들의 18%는 체질량 지수 30이 넘거나 또래 가운데 체질량 지수 상위 5% 이내의 비만에 속한 청소년들이었다.

3) 청소년들의 34%만 주중에 하루 평균 7.55시간 이상의 잠을 잤다.

4) 잠을 적게 자는 청소년은 잠을 충분히 자는 청소년에 비해 지방질 섭취에서 2.2% 높게 나타났다.

5) 탄수화물 섭취는 잠을 충분히 자는 청소년보다 3.0% 적었다.

6) 특히, 지방질 섭취는 남자보다 여자 청소년이 높았다.

7) 이러한 영양 불균형은 식사 시간과 관계가 깊었다.

8) 잠을 한 시간 더 자면 야식 먹을 가능성은 평균 21% 줄어들었다.

9) 잠을 적게 자는 청소년은 영양가 높은 식사를 또래보다 이른 오전 5시~7시 사이에 하는 경향이 많았다.

10) 먹는 시간대의 불균형이 신진대사 과정에 스트레스를 주고 대사장애를 일으켰다.

11) 여학생이 잠을 충분히, 또는 적게 자는 것에 따라 식습관의 차이가 큰 이유는 정서적인 영향 때문인 것 같다.

12) 여학생이 잠을 적게 자면 먹을 유혹이 많아질 뿐더러 스트레스 때문에 충동적으로 먹기도 하고 정서적인 보상을 찾기 위해 먹는 경우도 있었고, 반면 운동이나 활동적인 일을 하고 싶은 욕구는 감소했다.

13) 잠을 적게 자면서 칼로리 섭취를 늘리면 에너지 대사에 영향을 미쳐 비만과 심장질환을 일으킬 수 있다.

미국 콜럼비아 대학의 연구팀은 정상 체중의 남녀 13명씩 26명을 대상으로 6일간 하루 평균 4시간을 자게 하고 식습관을 조사한 연구 결과를 발표했다. 이는 2011년 3월 23일 미국 애틀랜타에서 열린 심장학회에서 발표되었으며, 미국 건강 웹진 〈헬스데이〉에 2011년 3월 23일 보도되었다.

1) 비만이 아닌 정상 체중의 사람이라도 잠을 적게 자면 많이 먹게 된다.
2) 잠이 부족하면 충분히 잔 사람보다 하루에 300kcal 더 먹는 것으로 나타났다.
3) 특히 여자는 잠이 부족하면 평균 329kcal를 더 먹어 잠이 부족한 남자(평균 263kcal)보다 섭취 열량이 더 높았다.
4) 평소보다 더 먹은 음식은 주로 버터, 살코기, 계란노른자 등이었으며, 포화지방에서 과잉 섭취한 칼로리는 그대로 뱃살에 쌓여 비만 원인이 되었다.
5) 잠을 습관적으로 적게 자면 비만으로 이어졌고 심혈관질환에 걸릴 위험이 높아졌다.

스웨덴 웁살라 대학 크리스찬 베네딕트 박사는 부족한 잠이 신진대사 작용에 어떤 영향을 주는지 알아보기 위해 14명을 관찰했다. 잠을 정상적으로 잤을 때, 잠이 부족할 때, 한숨도 자지 않았을 때를 비교하면서, 이들의 다음날 식사량, 혈당, 호르몬 수치와 같은 신진대사 정도를 조사했다. 이 연구 결과는 〈미국 임상 영양학 저널(American Journal of Clinical Nutrition)〉(2011년 5월호)에 소개되었으며, 영국 일간지 〈데일리메일〉에 2011년 5월 16일 보도되었다.

1) 하루만 잠이 부족해도 호흡과 소화 작용 같은 에너지 소비 활동이 5~20% 정도 줄어들었다.
2) 혈당은 높아졌고 식욕 촉진 호르몬인 그렐린과 스트레스호르몬인 코르티솔 분비가 많아졌다.
3) 우리 몸은 낮 동안 신진대사 활동에 따라 에너지를 소비하는데 밤에 잠이 부족하면 칼로리를 태우는 일에 이상이 생긴다.
4) 잠이 부족하면 꼭 비만으로 연결된다고 할 수는 없지만 잠이 부족하면 칼로리 연소를

방해해 에너지 소비를 제대로 하지 못하게 된다.

뉴질랜드 연구팀은 3~5세 어린이 244명을 대상으로 6개월간 키와 몸무게, 체지방 등 신체 조건과 잠자는 버릇, 운동 수준 등을 기록하고 조사한 결과를 발표했다. 이 연구 결과는 〈영국 의학 저널(BMJ)〉 온라인판에 2011년 5월 27일 게재되었으며, 영국 방송 〈BBC〉 온라인판, 영국 일간지 〈데일리메일〉 온라인판 등에도 2011년 5월 27일 보도되었다.

1) 밤에 잠을 충분히 자지 못하는 유아들이 초등학생이 되면 비만이 될 가능성이 높다.
2) 잠이 부족한 어린이들은 7세가 되었을 때 체질량 지수(BMI)가 비만 수준으로 높아질 위험이 컸다.
3) 수면 부족은 호르몬 수치를 변화시켜 식욕을 더 왕성하게 만들고 비만이 될 가능성을 높였다.
4) 잘못된 수면 습관은 인슐린 수치를 높이는데 이로 인해 성인 당뇨병에 걸릴 위험이 컸다.
5) 특히 주말에 늦게까지 잠을 안 자는 등 불규칙한 수면을 취하면 각종 질병의 위험이 높았다.

영국 RCPCH의 이안 마코노치 박사의 한마디.

1) 5세 이하 어린이는 낮잠 시간까지 포함해 적어도 하루 평균 11시간 정도 자는 것이 좋다.
2) 수면은 어린이의 주의력, 기억력, 행동, 학교생활 등에도 중요한 영향을 미친다.

미국 하버드 대학 윌리엄 킬고어 교수가 이끄는 수면전문가협회(APSS) 연구팀은 19~45세의 건강한 어른 12명을 관찰했다. 피험자들에게 기억력 테스트를 한다고 속이고 3, 4초마다 한 장씩 치즈케이크나 감자튀김, 치즈버거 같은 정크 푸드의 사진과 샐러드, 과일 등 건강한 음식의 사진을 보여줬다. 이 연구 결과는 2011년 6월

13일 미국의 유선 및 인터넷 뉴스 방송 〈MSNBC〉에 보도되었다.

1) 졸리고 피곤할수록 햄버거, 초콜릿 케이크 등 칼로리가 높은 정크 푸드가 더 먹고 싶어져 결국 비만 가능성을 높인다.
2) 사람에 따라 어떤 사진을 더 많이 기억하는지 조사한 결과 잠을 충분히 못 잔 사람일수록 정크 푸드를 기억하는 비율이 훨씬 높게 나타났다.
3) 졸리고 피곤할수록 절제를 담당하는 뇌 영역의 활동이 축소되기 때문에, 잠이 부족하면 베이컨을 듬뿍 얹은 치즈버거를 먹지 말아야 한다는 자기 절제 능력이 크게 떨어졌다.
4) 이런 과정이 반복되어 필요한 칼로리보다 더 많은 양을 먹게 돼 살이 찔 가능성이 높아졌다.
5) 평소보다 한두 시간만 더 자도 이런 현상을 막을 수 있다.

미국 노스웨스턴 대학 연구팀은 식사와 체질량 지수와 잠자는 시간과의 상관관계를 조사했다. 연구팀은 52명의 성인(여성 25명, 남성 27명)을 대상으로 7일 동안 음식 일지를 쓰게 하고 허리에 센서기를 부착하여 잠들고 깨는 행위를 측정했다. 참가자는 잠자는 습관에 따라 두 그룹으로 나눠졌다. 대상자들의 음식 일지를 참고로 두 그룹에 속한 사람들의 식사 습관을 추적했다. 이 연구 결과는 2011년 12월 2일에 발표되었다.

1) '정상적으로 자는 사람'들은 오전 5시 30분 전에 잠의 중간점에 도달했다. 이들은 자정 직후에 잠이 들었고, 8시 정도에 깨어났다. 전체 대상자 중에서 56%를 차지했다.
2) '늦게 잠드는 사람'들은 오전 5시 30분 이후에 잠의 중간점에 도달했다. 이들은 자정이 지난 한밤중에 잠이 들었고, 아침 늦게 일어났다. 전체 대상자의 44%를 차지했다.
3) 두 그룹은 하루를 통틀어 완전히 대조적인 일정을 보내고 있었다.
4) '정상적으로 자는 사람'들은 평균적으로 오전 9시에 아침, 오후 1시에 점심, 오후 7시에 저녁을 먹었으며, 8시 30분까지는 먹는 일을 끝냈다.
5) '늦게 잠드는 사람'들은 첫 식사를 거의 정오 무렵에 했다. 이들은 다시 오후 중반에 식사를 했고, 8시가 되기 전에는 저녁을 먹지 않았다. 평균적으로 10시가 될 때까지 먹는 일이 끝나지 않았다.
6) 늦게 자는 사람의 경우 수면과 식사의 질과 양에서 전반적으로 건강하지 못했다.

7) 늦게 자는 사람은 정상적으로 자는 사람보다 평균 1시간 정도 덜 잤다.

8) 늦게 자는 사람은 저녁 시간에 더 많은 칼로리를 섭취하는데, 특히 8시 이후에 상당히 많이 먹었다. 게다가 음식의 질도 떨어졌다. 패스트푸드를 더 많이 먹었고 설탕이 든 음료를 더 많이 마셨으며, 야채는 덜 먹었다. 그 결과 체질량 지수가 높은 것으로 나타났다.

9) 사람이 잠을 못 자면, 호르몬에 변화를 겪게 되는데, 식욕을 부추기는 호르몬이 더 많이 분비되고, 포만감을 알리는 호르몬은 덜 나오게 된다. 따라서 무엇을 먹는 것보다 언제 먹는가가 체중 감량에 직접적인 영향을 주게 되는데, 잠자는 습관이 결정적인 하나의 요소로 작용한다.


비렌드 소머스 교수가 이끄는 미국 메이요 클리닉 심장병 전문의 연구팀은 수면 부족이 비만을 유발하는 경향을 살펴보기 위해 조사를 했다. 연구팀은 17명의 건강한 지원자들을 상대로 얼마나 자고 얼마나 먹고, 어느 정도 움직이는지 정확하게 조사하기 위해 상황에 맞춘 폐쇄된 공간에서 살게 했다. 처음 3일은 밤에 원하는 만큼 자게 했는데, 평균 수면은 6.5시간이었다. 그 다음 두 집단으로 나눠, 9명은 8일간 평소대로 자게 하고, 나머지는 잠을 줄여 평균 5시간 10분만 자도록 했다. 음식은 원하는 만큼 자유롭게 먹을 수 있었다. 이에 대한 연구 결과는 샌디에이고에서 열리고 있는 미국 심장학회 회의에서 2012년 3월 16일 발표되었으며, 영국 일간신문 〈텔레그래프〉에 2012년 3월 15일 보도되었다.


1) 참가자들이 1시간 20분 덜 잔 경우 햄버거 한 개와 감자튀김에 해당하는 549kcal를 더 먹는 것으로 나타났다.

2) 자유롭게 잠을 잔 사람들은 먹는 게 달라지지 않았으나, 잠을 빼앗긴 집단의 참가자들은 더 많이 먹었다.

3) 잠을 빼앗긴 집단의 참가자들은 연구팀이 예상했던 것보다 훨씬 더 많이 먹었다.

4) 수면 박탈은 렙틴(식욕 억제 호르몬)을 감소시키고, 그렐린(식탐 호르몬)을 증가시킴으로써 음식의 섭취에 영향을 주는 것 같다.

5) 잠이 부족할 때 렙틴은 줄어들고 그렐린은 늘어나는 것으로 나타났는데, 이는 8일간 잠이 부족한 참가자들의 몸에 지방이 조금 더 붙은 것으로 알 수 있었다. 일반적으로 지방이 늘어나면 그렐린의 분비도 증가한다.

6) 주로 밤에 잠을 자지 않고 컴퓨터에 매달려 있다 보면 음식을 더 많이 먹게 되고 비만이 될 수 있다.

미국 보스턴의 브리검 앤 여성병원 오르페 벅스톤 박사 연구팀은 21명의 건강한 성인들을 대상으로 6주간 실험을 진행했다. 이들의 수면 형태와 식습관을 면밀하게 관찰하고 분석했다. 참가자들에게 처음에는 10시간 정도 수면을 취하게 한 다음 3주간은 5시간 30분 미만으로 자게 하고, 나머지 3주는 28시간을 주기로 활동하고 취침하게 하여 생체 리듬에 혼란을 줬다. 이 연구 결과는 〈병진의과학 저널(Science Translational Medicine)〉(2012년 4월 14일)에 게재되었고, 건강 전문 매체인 〈헬스데이 뉴스〉에는 2012년 4월 11일 보도되었다.

1) 수면 부족과 수면 주기 변경은 휴식 대사율(Resting metabolic rate, RMR)을 낮춰 식사 후 혈당량 수치를 높아지게 했다. 이는 췌장이 인슐린을 충분히 생산하지 못했기 때문이다.
2) 실험 대상자들의 신진대사율이 평균 12% 가량 떨어졌다.
3) 심장 박동이나 폐 기능 등을 담당하는 신진대사가 기능을 제대로 하지 못하면서 식사 후 혈당량 수치가 높아져 하루 평균 120kcal가 덜 소모되었다.
4) 식습관과 운동량을 유지해도 최소 5시간 30분 이상 잠을 자지 않으면 신진대사에 이상이 생겨 평균 몸무게가 12.5파운드(5.7kg) 가량 증가했다.
5) 이 같은 신진대사율 하락은 연간 기준으로 몸무게가 4.5kg 더 늘어난 것과 같다.
6) 실험의 마지막 단계에서 9일간 다시 평균 수면 시간을 취하도록 하자 신진대사율은 정상으로 돌아왔다.
7) 잠을 충분히 못 자고 수면 주기가 불규칙하면 당연히 피곤해진다. 그럴 경우 몸도 축나고 마를 것 같지만 오히려 뚱뚱해지고 당뇨병에 걸릴 위험도 높아지는 것으로 나타났다.
8) 수면 부족은 신진대사의 변화를 초래해 비만과 당뇨의 원인이 되었다.
9) 밤에 일하고 낮에 잠을 자는 사람일수록 비만 확률이 높았다.
10) 나이가 들면서 밤잠을 설치는 노인일수록 몸이 뚱뚱해질 수 있으며 비만이나 당뇨병의 위험이 커질 수 있다.

**참조:** 성균관대 의과대학 삼성서울병원 당뇨병 클리닉 김광원 교

 내 몸에 꼭 맞는 다이어트
**제1권 비만 원인**

수의 한마디.

1)사람은 낮시간에 일을 하면서 손상된 여러 조직들을 밤에 잠자는 동안 복구하는데, 숙면을 취할수록 복구가 빨라지고 완벽해진다.
2)잠을 설치면 복구가 느려지는데 이때 인슐린 저항성이 생기고, 인슐린 분비에도 영향을 줘 당뇨병을 일으키는 원인이 될 수 있다.

인제대 의과대학 서울백병원 비만클리닉 강재헌 교수의 한마디.

1) 보통 깨어있는 시간이 길면 활동량이나 에너지 소비가 많아 살이 덜 찐다고 생각할 수 있는데, 사실은 이와 정반대다.
2) 잠이 부족하면 왜 살이 찌는지 명확하게 밝혀지지 않았기 때문에 더 많은 연구가 필요하다.

미국 수면학회가 권하는 미취학 어린이의 하루 평균 수면 시간은 11~13시간, 취학 어린이는 10~11시간이다.

수면 부족이 비만을 초래한다는 또 다른 견해.

1) 잠이 부족할 경우 식욕과 관련 있는 호르몬 분비량이 변하는데, 덜 자게 되면 '렙틴' 호르몬은 줄어드는 대신 식욕 촉진을 불러일으키는 '그렐린'의 분비량은 늘어난다. 그래서 저녁에 야식을 더 찾게 된다.
2) 수면 중에 분비되는 성장호르몬은 지방을 분해하기도 하는데, 반대로 밤에 깨어 있을 경우 '코르티솔'이라고 불리는 각성호르몬이 몸에 지방을 저장하게 한다. 그래서 잠을 덜 자면 성장호르몬은 분비되지 않고 '코르티솔'이 분비되어 살이 찌게 된다.

다음은 미국 수면재단이 내린 결론.
"잠을 적게 자면 '렙틴'이라는 포만감을 느끼는 호르몬이 적게 분비되는데, 그러면 자연스럽게 허기를 많이 느끼게 되고 식욕도 늘게 되어 비만이 될 가능성이 높다."

**참조:** 덴마크 암연구소의 조니 한센 박사가 이끄는 연구팀은 1964년 이후 35년간 덴마크군에서 근무한 여성 18,500명에 대해 조사했다. 이때 적용한 야근 개념은 오후 5시~오전 9시에 이르는 군대 근무를 적어도 1년간 지속한 경우로 한정했다. 이 연구 결과는 학술지 〈직업 및 환경 의학〉(2012년 5월)에 소개되었고, 영국 일간신문 〈더타임스〉에 2012년 5월 29일 보도되었다.

1) 6년간 야근 횟수가 평균 주 3회를 넘는 여성은 일반 여성보다 유방암 발병률이 두 배나 높았다.

2) 야근을 하지 않는 일반 근무자에 비해 '새벽형' 여성의 유방암 발병률은 4배 높았던 반면, 올빼미형 여성의 발병률은 2배에 머물렀다.

3) 야간에 근무한 기간이 길수록 여성들의 유방암 발병률도 높아지는 것으로 파악되었다.

4) 장기간 반복된 야간 근무로 생체리듬이 깨지면서 수면을 촉진하는 멜라토닌 분비에 영향을 미쳐 암 발병으로 이어진다고 추정했다.

5) 주당 야근 횟수가 2회 이하면 유방암 발병에 대한 영향은 정상 수준인 것으로 나타났다.

이와 관련하여 영국 서리 대학의 데브라 스키니 교수의 한마디.

"이번 연구는 개개인의 생체시계와 근무 시간대의 차이가 벌어질수록 인체에 암과 같은 나쁜 영향이 커진다는 가설을 뒷받침하는 결과다."

## 박덕은 박사의 건강 상식 · 62

잠이 부족하면 탄수화물과 지방 섭취 조절에 실패해 비만이 될 가능성이 그만큼 높다.

# 4장

# 주변 환경에서 오는 요인

# 01
# 환경호르몬이 신체에 들어오면

2008년 5월 14일부터 스위스 제네바에서 열린 '유럽 비만학회(The European Conference on Obesity)' 16회 연차 학술대회에서 다음과 같은 연구 결과가 발표되었다.

1) 내분비계를 교란시키는 화학물질들이 동물 실험 결과 비만을 유발하는 것으로 밝혀졌다.
2) 비만을 일으키는 원인으로 지목된 비스페놀 A, 퍼플루오로옥타니오익산, 트리부틸린은 각종 플라스틱 용품에 함유되어 있는 환경호르몬인데, 이는 일상생활에서 쉽게 접할 수 있는 것들이다.

**박덕은 박사의 건강 상식 · 63**
내분비계를 교란시키는 화학물질, 특히 환경호르몬(비스페놀 A, 퍼플루오로옥타니오익산, 트리부틸린)은 비만을 유발한다.

# 02
# BPA에 노출되면

비버리 루빈 교수가 이끄는 미국 터프츠 대학 연구팀은 플라스틱 젖병, 음식 포장용 랩, 식품 용기 등에 포함된 비스페놀 A(BPA, Bisphenol A)에 노출된 새끼쥐(임신 때부터 생후 16일까지의 쥐)들을 대상으로 한 연구 결과를 발표했다. 이는 영국 일간지 〈텔레그래프〉 인터넷판, 미국 〈ABC 방송〉 인터넷판, 온라인 과학 전문 미디어 〈사이언스 데일리〉 등에 2008년 5월 14일 보도되었다.

1) 비스페놀 A에 노출된 새끼쥐들은 뚱뚱해졌다.

2) 음식물 섭취나 운동 수준 등에서는 BPA에 노출되지 않은 쥐와 차이가 없었다.

3) BPA는 쥐들의 인슐린 민감성과 글루코스 균형, 체중 조절 호르몬인 렙틴 등에 교란을 일으켰다.

4) 태중 또는 출생 이후에 이런 BPA와 같은 화학물질에 노출되면 체중 조절에 좋지 않은 영향을 받는다.

**박덕은 박사의 건강 상식 · 64**
BPA와 같은 화학물질에 노출되면 뚱뚱해지기 쉽다.

# 03
# PFOA에 노출되면

　미국 환경보호국 생물학자인 수전 펜턴 박사는 불소화합물의 일종으로 프라이팬, 종이컵, 일회용 음식 용기, 전자레인지 팝콘용 포장재, 피자 박스 등의 코팅제와 화장품, 샴푸 등의 첨가제로 쓰이는 퍼플루오로옥타니오익산(PFOA, Perfluorooctanoic Acid)에 노출된 새끼 쥐들을 대상으로 한 연구 결과를 2008년 5월에 발표했다.

1) 새끼쥐들은 태어날 때는 저체중이었지만, 자라면서 정상 쥐보다 더 뚱뚱해졌다.
2) PFOA는 거의 대부분의 사람들 혈액에서 검출이 되지만, 특히 공장 지대에서 생활하는 사람들의 혈액에서 100배 이상 더 많이 검출되고 있다.
3) PFOA와 같은 화학물질이 인간의 건강에 어떻게 위험 요소로 작용하는지에 관한 메커니즘을 연구할 필요가 있다.

**박덕은 박사의 건강 상식 · 65**
퍼플루오로옥타니오익산(PFOA)에 노출되면 비만이 되기 쉽다.

# 04
# 트리부틸린에 노출되면

발달생물학자인 브루스 블룸버그 교수가 이끄는 미국 어바인 소재 캘리포니아 주립대학 연구팀은 선박용 페인트, 음식 포장용 랩, 작물용 살균제의 재료인 트리부틸린(Tributylin)을 임신한 쥐에게 주입하여 관찰했다. 이 연구 결과는 2008년 5월에 발표되었다.

1) 트리부틸린(Tributylin)은 뱃속에 있는 태아의 유전자 발달에 영향을 끼쳐 아이를 뚱뚱하게 만든다.

2) 이러한 유전자 발달 순서가 되돌릴 수 없다는 것을 염두에 둔다면 성인이 되었을 때보다 태아의 발달 단계에서 트리부틸린(Tributylin)과 같은 화학물질에 노출되는 것이 더 심각하다.

3) 이것이 평생 인간이 비만과 싸울 수밖에 없는 이유다.

**박덕은 박사의 건강 상식 · 66**

페인트, 랩, 살균제 등의 재료인 트리부틸린(Tributylin)에 노출되면 뚱뚱해지기 쉽다.

# 05
# HCB를 섭취하면

스페인 바르셀로나 의료조사위원회 소속 연구팀은 스페인 휴양지 메노르카 섬에서 태어난 403명의 아기 탯줄에서 살충제의 한 종류인 헥사클로로벤젠(HCB)이 얼마나 검출되는지와 아기들이 자랐을 때 이 물질이 어떤 영향을 주는지에 대해 분석했다. 이 연구 결과는 〈소아과 기록지(Acta Paediatrica)〉(2008년 9월호)에 발표되었으며, 영국의 일간지 〈인디펜던트지〉에 2008년 9월 7일 보도되었다.

1) 임신부가 특정 농약 성분이 든 과일, 채소를 많이 먹거나 이 성분에 오염된 공기를 많이 들이마쉬면 뱃속의 아기가 나중에 비만이 된다.

2) HCB 성분이 많이 검출된 어린이는 그렇지 않은 어린이에 비해 6살쯤 되었을 때 과체중 비율이 2배 정도 높았다.

3) HCB는 한번 몸에 들어오면 잘 배출되지 않는 강한 잔류성 물질로 곡물의 씨앗을 곰팡이, 벌레로부터 지켜주는 농약인데, 이 물질은 2001년 스톡홀름협약에서 사용금지물질로 지정되었고 한국에서도 이를 지키고 있지만 워낙 잔류성이 강해 여전히 음식이나 주변 환경에서 검출되고 있다.

4) 비만을 일으키는 한 가지 화학물질을 알아냈다는 것이 중요한 것이 아니라, 우리가 흔히 쓰는 화장품, 샴푸, 플라스틱 젖병 등에서 나오는 화학물질이 우리 주변에서 자신도 모르는 사이에 몸에 쌓이고 있고, 그 결과 아기는 엄마의 뱃속에 있을 때부터 비만과 같은 문제에 영향을 받고 있다.

이와 관련하여 미국 환경학자 피트 마이어 박사의 한마디.

"이번 연구 결과로 플라스틱을 부드럽게 만들기 위해 사용하는 화학첨가제 '프탈라테스(phthalates)'가 성인 비만과 관계가 있는 것

이 밝혀졌다. 이번 연구는 태아 때부터 화학물질이 비만에 영향을
준다는 것을 보여줬다는 데에서 큰 의미가 있다.”

**박덕은 박사의 건강 상식 · 67**
살충제의 한 종류인 헥사클로로벤젠(HCB)에 노출되면 과체중
비율이 높아진다.

# 06
# 합성화학물질을 먹으면

리셋클리닉 박용우(비만 치료 전문의) 원장의 한마디.

"비만 원인으로 합성화학물질에 주목하고 있다. 그 이유는 비만 인구의 급격한 증가가 사람이 만들어낸 합성화학물질 사용량과 밀접한 상관관계를 보이고 있기 때문이다. 먹거리를 통해 몸에 들어온 살충제, 방부제, 첨가물, 식품 포장에 포함된 오염 물질 등 다양한 화학물질이 비만을 부추기고 있다. 세계보건기구(WHO)에서 환경호르몬이 생식 기능, 면역 기능, 신경계에 영향을 준다고 보고한 바 있다. 호르몬이나 신경계에 이상이 생기면 지방의 신진대사나 체중 조절 시스템에 교란이 생긴다."

**박덕은 박사의 건강 상식 · 68**
먹거리를 통해 몸에 들어온 화학물질(살충제, 방부제, 첨가물, 식품 포장에 포함된 오염 물질)이 비만을 부추긴다.

# 5장

# 미생물에서 오는 요인

# 01
# 비만 세균에 감염되면

　1988년 니킬 듀란다는 인도 뭄바이 대학에서 병리학자 S M 아진키아와 함께 인도 일대를 휩쓸었던 닭 전염병을 조사하면서 비만 세균을 발견했다.

1) 닭을 해부한 결과 간과 콩팥이 부어올라 있었으며, 배에서 지나치게 많은 지방이 발견되었다.
2) 비만 세균을 추출해 닭 100마리에 투입한 실험 결과 닭들은 뚱뚱해졌으며, 특이하게도 기존 통념과 달리 콜레스테롤과 트리글리세리드의 수치가 낮았다.
3) 새로 발견된 균에 자신들의 이름 첫 글자를 따서 비만 세균 SMAM-1이라고 명명했다.
4) 비만증 환자 52명의 혈액을 샘플 조사한 결과에서도 10명(20%)에게서 SMAM-1 바이러스의 감염 사실이 드러났다.
5) 감염된 환자들은 감염되지 않은 사람보다 몸무게가 평균 15㎏ 이나 더 나갔다. 이 같은 연구로 비만 원인이 바이러스가 될 수 없다는 고정관념이 무너졌으며, 비만한 사람이 콜레스테롤 수치가 높다는 속설도 뒤집어졌다.

　이후, 니킬 듀란다는 위스콘신 대학에서 리처드 아킨슨과 함께 비만 세균 SMAM-1과 비슷한 아데노바이러스 Ad-36으로 실험에 착수했다. 이 연구 결과는 다음과 같았다.

1) 닭, 쥐, 원숭이 등 실험 대상 전체가 비만해진 사실을 밝혀냈다.
2) 동일한 유전자를 지닌 쌍둥이를 대상으로 실험한 결과에서도 Ad-36에 감염된 사람이 더 살쪘으며, 평균 2% 가량 지방이 더 많았다.
3) 이 바이러스는 감염될 경우 눈이 충혈되고 가슴이 답답해지면서 감기에 걸린 것으로

착각될 정도로 증상이 거의 드러나지 않는다는 게 특징이다.

4) Ad-36이 지방세포의 수를 증가시키고 지방세포 크기를 늘린다.

**박덕은 박사의 건강 상식 · 69**

비만 세균에 감염되면 비만이 될 확률이 높다.

# 02
# 체내 박테리아가 식욕을 높이면

앤드류 지워츠 교수가 이끄는 미국 에머리 대학 연구팀은 체내 미생물과 식욕의 상관관계를 알기 위해 뚱뚱한 쥐의 체내 박테리아를 갓 태어난 쥐에게 이식했다. 이 연구 결과는 〈사이언스 (Science)〉(2010년 3월호)에 발표되었으며, 경제 주간지 〈비즈니스 위크〉에 2010년 3월 4일 보도되었다.

1) 갓 태어난 실험용 쥐들은 더 많이 먹게 되고 장에 염증과 인슐린 문제를 겪게 되었다.

2) 뚱뚱한 실험용 쥐들은 박테리아 때문에 체내 면역 시스템이 바뀌어 있었고 고혈압이나 콜레스테롤, 인슐린 문제 같은 대사증후군을 갖고 있었다.

3) 사람들은 생후 며칠 안에 외부로부터의 박테리아로 넘치게 되는 빈약한 소화 기관을 갖고 태어나는데, 이 박테리아에 감염되면 식욕 증진과 대사증후군, 그리고 비만의 주범이라고 생각되는 약한 염증을 유발한다.

4) 뚱뚱한 사람이 더 많이 먹는 이유는 단순히 칼로리 높은 음식이 주위에 많아서가 아니라 체내 박테리아로 인해 높아진 식욕 때문으로 보인다.

**박덕은 박사의 건강 상식 · 70**
체내 박테리아에 감염되면 식욕 증진과 비만으로 이어진다.

# 03
# 유익균이 감소되면

2006년 〈네이처〉지에 실린 미국 워싱턴대 의과대학 연구팀의 주요 내용을 비롯하여, 미국 뉴욕 대학 연구팀, 메이요 대학 연구팀, 영국의 캠브리지 대학 연구팀, 미국 메모리얼 슬로언 캐터링 병원 연구팀, 미국 UCLA대 의과대학 연구팀 등의 최근 비만균에 대한 연구의 주요 내용을 간략히 정리해 보면 다음과 같다.

1) 정상 체중인 사람은 장 속에 박테로이데테스(Bacteroidetes)라는 균의 비중이 높았는데, 비만인 사람은 피르미쿠테스(Firmicutes)균의 분포가 더 높았다.

2) 장내 세균은 사람이 섭취한 음식물에서 에너지를 뽑아내는 역할을 한다.

3) 음식물 중에는 입안에서 씹는 과정을 거치고, 위장에서 여러 소화 효소로 분해되고도 여전히 복잡하고 질긴 구조로 남아 있는 게 있는데, 이걸 장내 세균이 에너지로 뽑아내기 쉽게 가공한다.

4) 이때 만들어진 에너지로 장내 세균도 생존하고, 사람도 힘을 얻는다.

5) 그래서 장내 세균은 사람에게 기생하는 것이 아니라 사람과 공생하는 것이다.

6) 피르미쿠테스균은 음식물을 에너지로 변환시키는 일을 다른 균보다 월등히 잘한다.

7) 일반균은 먹은 음식의 50% 정도만 에너지로 변환시키는 반면, 피르미쿠테스균은 100% 모두를 에너지로 바꾸어 주기 때문에 비만균이라고도 한다.

8) 피르미쿠테스균이 주입된 쥐는 다른 쥐보다 체중이 54%나 더 늘었다.

9) 피르미쿠테스균이 주입된 쥐는 체지방이 60%나 더 많이 쌓였다.

10) 피르미쿠테스균의 장 분포율이 높아지는 데는 유전적인 요소가 관여된 것 같다.

11) 장내 피르미쿠테스균이 많은 사람은 살이 찌기 전부터 인슐린의 작동이 고장났는데, 이 때문에 당뇨병이 다른 사람보다 더 빨리 발병할 수 있다.

12) 이런 근거에 기초해, 어떤 학자들은 '비만과 당뇨가 감염병'이라고 단언하기도 한다. 비만과 당뇨를 운동이나 다이어트, 그리고 혈당 강하제로만 치료하는 것은 병의 원인은

치료하지 않고 증상만을 치료하는 것이라고 말했다.

13) 췌장염이나 췌장암 환자는 구강내 세균 분포가 일반인과 다르다.

14) 췌장염이나 췌장암이 생기기 전에 입안의 세균 분포의 변화가 먼저 일어난다.

15) 담배를 피우면 구강에서 나쁜 세균의 분포가 높아지는데 이 나쁜 세균들이 독성을 내뿜고, 그 독성에 시달리면서 만성 염증을 앓아온 구강 상피세포가 암세포로 바뀌게 된다.

16) 비만, 당뇨 그리고 심지어 암도 장내 세균이 관여하여 생기는 질환이다.

17) 건강한 사람의 장내에는 엄청나게 많은 세균이 기생하고 있는데 이 세균들은 음식물의 소화를 돕고 일부 비타민을 합성한다.

18) 대장 내에서 사는 세균이 칼로리를 빠르게 연소시켜 비만을 예방하는 데 도움이 될 수 있도록 지방조직의 활성 속도를 늦추어 준다.


미국 연구팀이 체질량 지수 27~32인 313명 여성과 232명의 건강한 여성을 비교 조사했다. 이 연구 결과는 〈Dental Research〉지(2009년 7월호)에 발표되었으며, 언론에는 2009년 7월 10일 보도되었다.


1) 입속에 있는 세균이 비만 발병에 중요한 역할을 할 수 있다.

2) 과체중인 여성들이 건강한 체중의 여성들에 비해 검사한 40종의 세균 중 7종이 2% 이상 많은 것으로 나타났다.

3) 과체중인 여성의 경우 Selenomonas noxia라는 단일 세균이 98.4% 검출되어 입속 세균 구성이 변한 것으로 나타났다.

4) 이 같은 세균종이 과체중을 발병시킬 수 있음을 암시하는 생물학적 표지자가 될 수 있으며 심지어 이 같은 균이 비만을 유발하는 병리기전에 관여할 수 있다.


제프리 고든 교수가 이끄는 미국 워싱턴 대학 연구팀은 사람의 대변에서 검출된 장내 세균들을 쥐에게 이식하고, 쥐 고유의 장내 세균은 제거해 '인간화된 쥐'를 만들어 먹이를 먹을 때 이 세균들에 어떠한 변화가 일어나는지를 관찰했다. 연구팀은 평소 지방이 적은 먹이를 먹었던 쥐의 식단을 설탕과 지방이 많은 정크 푸드 식단으로 바꿨다. 연구팀은 성인의 몸을 구성하는 요소 중 인간 세포는 10%에 불과한 반면 미생물이 90%라는 점에 착안해 이번 연구를 진행했다. 이 연구 결과는 〈병진의학(Science Translational Medicine)〉(2009년 11월호)에 발표되었으며, 미국 건강 웹진 〈헬스데이〉, 경제잡지 〈포브스〉 온라인판에 2009년 11월 11일, 미국 시사주간지 〈타임〉 온라인판에는 2009년 11월 12일에 각각 보도되었다.

1) 하루 사이에 장내 비만과 연관된 세균이 자랐다.

2) 고지방, 고당분 먹이를 먹은 실험용 쥐들이 저지방 먹이를 먹은 쥐보다 훨씬 비만해졌다. 장내 세균의 활동이 극적으로 빠르게 변하면서 음식물의 소화와 흡수를 가속화하는 것으로 나타났다.

3) 시간이 지날수록 저지방, 식물성 먹이를 섭취한 쥐들에 비해 고지방, 고당분 먹이를 섭취한 쥐들이 더욱 비만해졌다.

4) 체중 증가 패턴은 장내 존재하는 세균의 패턴에 따라 변했다.

5) DNA 서열 분석 기법을 통해 진행한 연구 결과 고지방, 고당분 먹이를 섭취한 쥐들의 장에 비만과 연관된 세균이 더 많이 증식한 것으로 나타났다.

6) 서구적 식사 패턴의 먹이를 섭취한 쥐의 경우 장내 Firmicutes계에 속하는 Erysipielotrichi와 Bacilli라는 두 종의 세균은 크게 증가한 반면, Bacteroidetes계 세균은 감소했다.

7) 이 같은 Firmicutes계 세균과 Bacteroidetes계 세균 사이의 균형이 깨질 경우 비만이 유발될 수 있다.

8) 장내에 살고 있는 박테리아가 체중에 중대한 영향을 미쳤다.

9) 장관(腸管)과 결장에서 산소 없이도 서식할 수 있는 수십 조의 세균 덩어리인 장내 미생물균체(microbiota)가 음식을 통해 섭취하는 칼로리를 조절하는 데 중요한 역할을 수행하는 것으로 나타났다.

10) 인간화된 쥐가 저지방 먹이를 먹었을 때에도 살이 쪘다.

11) 장내 세균만 바뀌었을 뿐인데 살이 찐 것은 장내 세균 활동이 비만 원인이 될 수 있다는 주장을 뒷받침한다.

12) 그동안 사람의 소화기 계통에 서식하는 세균 활동에 대한 연구는 유전적, 문화적 요인 등 다른 여러 요소들 때문에 독립적인 연구가 잘 진행되지 않았지만 이번 연구에서는 쥐에게 사람의 세균을 이식함으로써 보다 진보된 결과를 얻을 수 있었다.


의학전문지 〈병진의학〉에 2009년 11월 13일에 실린 연구 보고서의 주요 내용은 다음과 같았다.

"장내 미생물균체는 칼로리를 지방으로 변환하고 조절하는 역할을 수행해 결과적으로 몸을 뚱뚱하게 할 수도, 마르게 할 수도 있다."

중국 베이징 게놈연구소 준왕 박사팀이 이끄는 독일, 벨기에, 프랑스, 영국 등의 국제 공동 연구진은 유럽인 124명의 장내 미생물 유전체를 메타게놈 기법을 활용해 분석했다. 이 연구 결과는 세계적인 학술지 〈네이처(Nature)〉(2010년 3월호)에 발표되었고, 영국 〈BBC 방송〉 온라인판에 2010년 3월 보도되었다.

1) 한 사람에게서 약 160종류의 박테리아가 발견되었다.
2) 개인별로 장내 미생물 분포도가 유사했다.

미국 매릴랜드 대학 연구팀은 장내 세균 구성과 유전적 인자 사이의 상호작용을 조사했다. 마른 사람과 뚱뚱한 사람의 장내 세균을 분석했다. 이 연구 결과는 2010년 5월 27일 언론에 발표되었다.

1) 장내 세균이 기존에 생각했던 것 이상으로 비만에 큰 영향을 주는 것으로 나타났다.
2) 장내 세균 구성과 비만 사이에는 연관성이 없었으나 유전자 구성을 감안했을 시에는 연관성이 있었다.
3) 비만과 연관된 FTO라는 단일 유전자 변이를 가진 사람은 소화기 계통 내에서 일부 세균구 존재와 매우 밀접한 연관이 있는 것으로 드러났다.
4) 장내 세균의 다양성이 낮을 경우 미각 수용 유전자 내에서 일부 유전자 변이가 있는 사람은 비만 위험이 높았다. 반면 장내 세균의 다양성이 높을 경우에는 비만 위험이 낮은 것으로 나타났다.
5) 비록 이번 연구가 초기 단계의 연구지만 일부 사람에게서 비만이 될 위험을 높이는 유전적 경로에 대한 통찰력을 가질 수 있었으며, 이에 대한 추가 연구를 통해 개별적 치료와 병행한 유전적 선별 검사를 통해 비만이 될 위험이 높은 사람들이 건강한 체중을 유지할 수 있도록 도울 것이다.
6) 비만에 대한 프로바이오틱스 혹은 항생제 기반 치료에 대한 새로운 길을 열 수 있게 될 것으로 기대해도 좋다.

김민석 동남권원자력의학원 병리과장은 장내 세균에 대해 2010년 6월 17일 다음과 같이 언급했다.

1) 장내 세균은 인류의 친구다.
2) 장내 세균은 장 속에 살면서 '제3의 장기'에 비유될 만큼 신진대사, 면역 조절 등에 중요한 역할을 한다.
3) 장내 세균은 다양한 질병의 유발 또는 호전에 깊게 관여하고 있다.
4) 장내 세균은 1,000여 종에 달한다.
5) 장 속에 100~1,000조 마리의 세균이 존재하는데 성인의 세포 수가 60~100조다. 그 무게도 1kg 가량 나간다. 대변의 약 3/4이 물이고 약 1/8이 장내 세균이다.
6) 장내 세균은 음식물의 소화를 돕고 변비를 방지한다.
7) 장내 세균은 면역 기능을 조화시켜 아토피 피부염과 알레르기질환을 억제한다.
8) 장내 세균은 체내 염증을 가라앉혀 크론병(염증성 장질환)과 과민성 대장 증상을 개선한다.
9) 장내 세균은 발암물질을 분해 또는 흡착해 암(특히 대장암)을 예방하는 데 기여한다.
10) 장내 세균은 비타민B, 비타민K 및 아미노산의 합성과 지방의 체내 축적 억제에도 관여한다.
11) 유익하지도 유해하지도 않은 장내 세균이 가장 많은 비중을 차지하는데 일정량 이상 존재함으로써 유해균을 방어하는 등 겉으로 드러나지 않는 많은 역할을 한다.

벨기에 브리케 대학 제로인 래스 교수의 한마디.

"미생물 유전자는 사람 유전자보다 100배 더 많으며 인간의 세포보다 박테리아의 세포가 10배 더 많다. 장내 미생물은 음식물을 소화시키고 비타민을 공급하며 병원균의 공격을 막는 등 중요한 역할을 한다."

서울대 대학병원 미생물학교실 김범준 교수의 한마디.

"장내 미생물은 인종에 따라 다양한데 한국인은 김치와 된장 등 짜고 발효된 음식을 먹기 때문에 서구인과는 미생물 분포도가 다를 것으로 본다."

프로바이오틱스 전문가인 김석진(미국 인디애나 주립대학) 교수는 〈내 몸의 유익균〉(2011년 10월)이라는 저서에서 이렇게 강조했다.

1) 현대인의 장이 병들어 가고 있는데 이게 유익균의 감소 때문이다.

2) 장에는 몸에 이로운 균들이 상주해 있는데 외부에서 들어온 유해균으로부터 우리 몸을 보호한다.

3) 식생활과 라이프스타일 등의 변화로 유익균이 줄고 유해균 수는 상대적으로 증가하고 있다.

4) 장을 통해 침투한 세균과 바이러스, 그리고 유해물질이 온몸을 떠돌며 각종 질병의 원인을 제공한다.

5) 흔하게는 과민성 대장증후군(설사와 변비를 반복하는 질환)에서부터 비만·암·당뇨·고지혈증·관절염·여성 질환에 이르기까지 유익균의 부족과 질병의 관계는 밀접했다.

6) 유익균 감소를 막으려면 프로바이오틱스를 섭취해야 한다. 프로바이오틱스가 충분하면 면역력이 강화돼 모든 질병을 막는 기초가 된다.


2011년 12월 23일 〈Proteome Research〉지에 발표된 논문 중의 주요 요지.

"장내 세균들이 체내 나머지 부분과 상호 작용을 해 에너지 사용에 영향을 미쳐 지방을 체내에 더 많이 쌓이게 할 수도 있다. 장내 세균이 갈색 지방(지방을 태우는 지방)을 빠르게 연소시켜서 갈색 지방의 활성에 영향을 미쳐 비만을 유발할 수도 있다."


영국 임페리얼컬리지 대학 연구팀과 스위스 네슬레리서치센터 연구팀은 장내 정상 세균을 가진 쥐와 세균이 없는 쥐를 비교했다. 이 연구 결과는 〈Proteome Research〉에 2012년 2월 16일 발표되었다.

1) 체내에는 두 종류의 지방이 있는데 이 중 하나는 자극을 받으면 칼로리를 연소시키

는 갈색 지방이고 다른 하나는 칼로리를 저장하고 호르몬을 생성하는 백색 지방이다.

2) 갈색 지방은 목과 기타 다른 부위에 소량으로 축적되어 존재하는 반면 백색 지방은 허리와 엉덩이 주위에 다량으로 축적되어 있다.

3) 모든 사람들이 이 같은 갈색 지방과 백색 지방을 둘 다 가지고 있지만 가지고 있는 양은 사람마다 다르다.

4) 마른 사람들은 과체중이거나 비만인 사람보다 갈색 지방이 더 많다.

5) 어리고 건강한 여성들이 갈색 지방이 더 많은 반면, 과체중인 성인들은 더 적은 것으로 나타났다.

6) 장내 세균 중 일부가 놀라운 방식으로 체내 나머지 부위와 상호작용한다.

7) 장내 세균은 체내 면역계를 미세하게 강화하고 체내 에너지 사용과 저장에도 영향을 미친다.

8) 장내 세균이 갈색 지방 활성을 늦추어 비만 발병에 중요한 역할을 하는 것으로 나타났다.

9) 세균이 없는 쥐들이 더 활성도가 높고 칼로리 연소를 더 많이 하는 것으로 나타났다.

10) 장내 세균이 체중에 있어서 남녀 차이와 연관이 있는 것으로 나타났다. 장내 세균이 있는 숫쥐들이 암쥐들보다 체중이 더 많이 나갔다.

11) 세균이 없는 쥐들에서는 숫쥐와 암쥐 사이에 이 같은 차이는 나타나지 않았다.

12) 장내 세균이 있으면 소화되지 않고 남아 있는 탄수화물의 발효를 통해 짧은 사슬 지방산을 생성함으로 숙주의 에너지 대사에 기여하는데 세균이 장내에 없을 경우에는 짧은 사슬 지방산이 생성되지 않아 체내의 많은 대사과정이 파괴되어 갈색 지방과 간에서의 칼로리 연소가 시작될 수 있다.

## 박덕은 박사의 건강 상식 · 71

체중에 중대한 영향을 미치는 장내 세균 중 유익균 감소를 막으려면 프로바이오틱스를 섭취해야 한다.

# 04
# 비만을 부르는 장내 미생물 유형이
# 제3형이면

피어 보크(Peer Bork) 박사가 이끄는 독일 하이델베르크 유럽분자 생물학연구소의 연구팀은 미국, 덴마크, 일본 등 6개 나라 400명의 몸속 박테리아 유전자를 분석했다. 이 연구 결과는 과학 저널 〈네이처〉, 〈뉴욕타임스〉지 등에 2011년 4월 발표되었다.

1) 처음에는 39명의 박테리아 유전자를 분석했는데 너무 적다고 생각해 400명까지 확대했는데 여기서도 같은 결과를 얻었다.

2) 100여 년 전 혈액형으로 인간을 4종류로 분류할 수 있다는 것을 안 데 이어 박테리아로 인간을 3종류로 나눌 수 있다는 것을 알게 된 놀라운 발견이다.

3) 사람의 소화기에는 대략 500여 종류의 미생물이 있는데, 이들 미생물들이 네트워크를 이루는 유형 3가지 중 하나에 속한다.

4) 사람의 혈액형을 A, B, O, AB형의 4종류로 나누듯 사람의 몸속 세균 네트워크는 3종류로 구분할 수 있다.

5) 모든 사람의 장내 미생물은 3가지 중 하나의 박테리아를 '주력 부대'로 네트워크를 형성하고 있다.

6) 이 세 종류는 각각 다른 생물학적 특징을 나타내는 것으로 드러났다.

7) 창자 속 박테리아의 네트워크가 3종류라는 것을 2010년 3월 〈네이처〉지에 발표하고 다른 유형의 네트워크가 있는지 찾았는데, 놀랍게도 모든 사람이 세 가지 유형에 속하는 것으로 나타났으며, 인종적으로도 차이가 없었다.

8) 이들 네트워크 유형을 '장 유형(Enterotype)'이라고 명명했는데, 'Enterotype'은 곧바로 개방형 온라인 사전 '위키피디아'에 등재되었고, '사람의 소화기 내에서 세균 생태계를 바탕으로 한 유기체의 분류'로 정의되었다.

9) 장 유형 가운데 제1형은 박테로이데테스(Bacteroidetes), 2형은 프레보텔라(Prevotella), 3형은 루미노고쿠스(Ruminococcus)가 '주력 부대' 구실을 하고 있었으며 유형에 따라 '체질'이 달랐다.

10) 장 유형 중 제1형인 사람은 탄수화물을 분해하는 능력이 좋았고, 비타민B7을 만드는 효소가 많아, 비만이 별로 없었다.

11) 장 유형 중 제2형은 배앓이를 많이 하는 것으로 나타났으며, 비타민B1을 만드는 효소를 많이 분비했다.

12) 장 유형 중 제3형은 포도당을 잘 흡수해서 살이 찔 확률이 높았다. 물만 먹어도 살이 찐다고 불평하는 사람은 3형일 가능성이 높다.

13) 지금까지 사람들은 남들보다 덜 먹어도 살이 찌거나, 아무리 먹어도 '얄밉게' 살이 안 찌거나, 평생 감기에 안 걸리거나, 요구르트만 먹으면 배탈이 나는 등 각각 다른 모습을 보이면서 그저 체질에 따라 다르겠거니 생각해 왔으나, 이번 결과를 통해 박테리아 네트워크 유형에 따라 반응이 다르다는 것을 알게 되었다.


이와 관련하여 프랑스 주이-앙-조자 국립 농업연구소 미생물유전학 조사단 두스코 에를리치 박사의 한마디.

"장 유형 연구는 나이, 성별, 국적에 상관없이 나타난 결과이지만, 정확한 이유와 메커니즘은 아직 밝혀내지 못했다. 그러나, 박테리아 유형에 맞는 치료약을 개발할 수 있게 되었다. 맞춤형 의료 및 약물 개발의 중요한 계기가 될 것으로 기대한다."


이와 관련한 〈뉴욕타임스〉지의 보도.

"1900년대 초반 혈액형의 정립으로 장기 이식과 수혈이 발전했듯, 이번 발견이 맞춤형 약물과 신종 항생제 개발 등을 통해 의학계에 큰 변화를 불러올 가능성이 크다."


이와 관련하여 조지 와인스톡(George Weinstock) 미국 워싱턴 대학 유전학 교수의 〈사이언스 뉴스〉와의 인터뷰에서 한마디.

"왜 사람들의 체질이 각자 다른지, 약물이나 식이요법에 제각각 달리 반응하는지 이해하는 데 도움이 되었다."


이와 관련하여 롭 나이트(Rob Knight) 미국 콜로라도 대학 생물학

교수의 〈뉴욕타임스〉와의 인터뷰에서 한마디.

"이번 연구는 체내 미생물이 만든 생태계가 인간의 체질과 관련이 있다는 첫 번째 발견이자 생물학과 의학계의 큰 진전이다."

**박덕은 박사의 건강 상식 · 72**
장 유형 중 제3형은 포도당을 잘 흡수해서 살이 찔 확률이 높다.

# 05
# 장내 이로운 미생물과
# 해로운 미생물 사이의 '균형'이 깨지면

　　미국 워싱턴 대학 연구팀은 동물의 장 속에서 기생하는 세균에 대해 조사했다. 먼저 살이 찐 쥐와 마른 쥐의 장내 세균이 B류인지 F류인지 조사하고, 그 다음에는 두 종류의 비율을 비교했다. 이 연구 결과는 2006년 12월 21일 영국 과학 잡지 〈네이처〉에 발표되었다.

1) 장 속에 특정 세균이 적으면 비만에 걸리는 것으로 확인되었다.

2) 사람을 포함한 포유류의 장 속에는 1,000종 이상의 세균이 기생하고, 소화·흡수를 보조하는 기능 등을 하는데, 대부분의 세균은 B(Bacteroidetes)류나 F(Firmicutes)류에 속한다.

3) 살이 찐 쥐는 B류가 50% 이상 적은 것으로 나타났다.

4) 살이 찐 사람일수록 B류가 적었으며, 칼로리 제한을 통해 체중을 줄이면 B류가 늘고 F류는 감소한 것으로 확인되었다.

5) 무균 상태에서 자란 쥐에 비만 쥐와 마른 쥐의 장내 세균을 투여한 뒤 영향을 비교한 실험에서는 2주 후 체지방 증가율이 전자가 약 47%인 데 비해 후자는 약 27%로 차이를 보였다.

6) B류가 줄고 F류가 늘면 식사로부터 칼로리를 회수하는 비율이 높아져 체중 증가로 이어진 것으로 추정된다.

7) 장내 세균의 상태를 변경하면 비만을 치료할 수 있을 가능성이 있다.

　　제프리 고든 교수와 연구원인 루스 레이 박사가 이끄는 미국 워싱턴 대학 연구팀은 장내 세균과 비만의 관련성을 조사했다. 이 연구 결과는 〈네이처〉지에 2008년 9월에 발표되었다.

1) 장내 세균의 종류가 달라짐에 따라 비만 여부가 결정된다.
2) 비만 환자들의 장에 살고 있는 세균은 90% 이상이 '피르미쿠테스(Firmicutes)'류이고 '박테로이데테스(Bacteroidetes)'류는 3%에 불과했다. 반면 정상 체중인 사람들에서는 '박테로이데테스'류가 30%나 되었다.
3) '박테로이데테스'류가 사람을 날씬하게 했고, '피르미쿠테스(Firmicutes)'류는 비만을 유도했다.
4) 인체가 칼로리를 흡수하는 정도의 차이는 세균에 의해 결정될 수 있다.

제프리 고든 교수와 연구원인 루스 레이 박사가 이끄는 미국 워싱턴 대학 연구팀의 또 다른 연구 결과는 다음과 같았다.

1) 인위적으로 장내 세균을 없앤 생쥐는 서구 스타일의 고지방 먹이를 먹어도 비만에 걸리지 않은 것으로 나타났다.
2) 장내 세균을 없앤 생쥐에서는 지방 분해를 유도하는 단백질의 활동이 증가했다.
3) 장내 세균은 인체의 지방 분해와 근육 합성 과정을 억제해 비만을 유도했다고 볼 수 있다.
4) 연구가 더욱 진행되면 새로운 비만 진단법과 함께 장내 세균을 조작하는 방식으로 비만을 치료하는 것이 가능해질 수 있다.

이 연구에 대해 〈네이처〉지의 평가 한마디.
"이번 연구 결과는 지금까지 알려진 비만 원인에 대한 생각을 바꿀 수 있는 획기적인 발견이다. 인체가 칼로리를 흡수하는 정도의 차이는 세균에 의해 결정될 수 있다."

피어 보크(Peer Bork) 박사의 '체질'에 대한 후속 연구 중 하나로 2011년 10월 〈사이언스〉에 실린 논문의 주요 내용은 다음과 같았다.

1) 오랜 기간의 식습관이 장 유형을 결정할 수 있다.
2) 탄수화물, 지방, 아미노산과 콜린, 식물성 식이섬유 등을 섭취하는 경향에 따라 미생물 군집 분포의 양상이 달라질 수 있다.
3) 먹는 것과 장내 미생물 분포, 그리고 체질이 연관을 맺을 수 있을 뿐 아니라 후천적으

로 그것을 바꿀 수도 있다.

4) '장 유형'의 발견이 개인에 대한 맞춤 의료의 요구가 점점 더 커지는 시대에 새로운 의학적 용도로 많은 도움을 줄 수 있지 않을까 하는 기대를 하고 있다.

5) 만일 '장 유형'이 의료계에 쓰인다면, 의사들은 음식이나 약물의 투여를 개인의 장 유형에 맞춰 할 수 있을 테고, 항생제의 대체품을 찾는 데에도 장 유형 정보가 도움을 줄 수 있다.

6) 실제로 장내 생태계의 균형을 망가뜨려 질병을 일으키는 미생물을 제거하는 대신, 유익한 미생물의 생태계를 강화하는 방법을 모색하는 식으로 항생제 요법을 대신해서 질병에 대처할 수 있을 것이다.

이에 대해 학자들은 짚고 넘어가야 할 점들을 다음과 같이 지적하고 있다.

1) 장내 미생물이 긍정적인 영향만을 끼치는 것은 물론 아니라는 점이다. 누구나 다 알다시피 질병을 일으키는 미생물도 있으니, 역시 중요한 것은 이로운 미생물과 해로운 미생물 사이의 '균형'인 것이다.

2) 이 연구에서 밝힌 장내 미생물 군집에 대한 규명이 인간 유전자와 관련이 있을 수 있다는 것이다. 그렇다면 결국에는 인간 유전체(게놈)와 장 유형의 연관성을 찾는 게 훨씬 더 근본적인 과제가 될 수 있으며, 이번 연구 결과는 인간 유전자의 전모를 다 알지 못하는 상황에서 숲이 아닌 나무를 보는 정도의 의미만을 지닐 수도 있다는 것이다.

농학부 요코타 아츠시 교수가 이끄는 일본 홋카이도 대학 연구팀은 쥐의 보통 먹이에다 고지방식에서 분비되는 농도와 유사한 담즙을 혼합해 10일간 섭취하게 한 후, 맹장의 세균 변화를 조사했다. 이 연구 결과는 〈소화기병학회 저널〉(2011년 11월호)에 발표되었다.

1) 지방이 많은 식사를 할 경우, 소화액이 몸에 좋은 균을 사멸시켜 장내 세균의 균형을 무너뜨린다는 사실이 밝혀졌다.

2) 담즙을 혼합한 먹이를 섭취한 쥐에서는 토양세균의 일종으로 감염되면 패혈증을 일으키기도 하는 클로스트리듐(Clostridium)으로 분류되는 균이 98.6% 보였다.

3) 일반적으로 10% 정도 존재하는 유산균 등은 거의 발견되지 않았다.

4) 비만 환자에서는 클로스트리듐이 차지하는 비율이 높았다.

5) 소화액의 분비가 발단이 되어 내장지방증후군이나 대장암이 발병할 가능성이 있었다.

**박덕은 박사의 건강 상식 · 73**
지방 식사는 장내 세균의 균형을 무너뜨려 비만을 유발한다.

# 6장

# 기타 요인

# 01

# 제왕절개 수술로 아기를 낳으면

보스턴 어린이 병원의 성장과 영양 프로그램 책임자인 수산나 허 박사가 이끄는 미국 매사추세츠 주의 병원 연구팀은 1999년에서 2002년 사이에 출산한 1,250명의 산모와 아기들을 대상으로 연구한 결과를 발표했다. 이는 〈아동기 질병 회보(Archives of Disease in Childhood)〉(2012년 5월)에 실렸으며 〈헬스데이 뉴스〉에 2012년 5월 23일 보도되었다.

1) 제왕절개 수술로 낳은 아기들이 정상 분만한 아이들에 비해 뚱뚱해질 가능성이 두 배나 더 높은 것으로 나타났다.

2) 제왕절개 수술을 고려하고 있는 산모라면 태어날 아기의 비만 위험성에 대해 반드시 상담을 받아야 한다.

3) 산모들은 임신 22주차 이전부터 이번 연구에 참여했는데, 이 중 25%의 산모가 제왕절개 수술을 받았다. 출생 때와 생후 6개월, 그리고 3살 때 각각 아기들의 체중을 측정했다. 그 결과 출생 때에는 제왕절개 수술로 태어난 아이들이 통계학적으로 체중이 더 많이 나가지는 않았으나, 3세 때에는 제왕절개 수술로 출산한 아이들의 16%가 비만아가 되어 있었다. 이는 정상 분만으로 태어난 아기들 중 비만아가 된 경우가 7.5%인 것에 비해 두 배 이상 더 높은 것이다.

4) 제왕절개 수술로 태어난 아기들은 3세 때 체지방 수치를 나타내는 피부주름 두께가 더 두꺼운 것으로 나타났다.

5) 출산 방식의 차이가 아기가 태어날 때 장 속의 박테리아에 영향을 미치고, 이로 인해 칼로리의 소비와 영양분의 흡수가 달라지는 것으로 추정해 볼 수 있다.

6) 장 속의 박테리아가 인슐린 저항성, 체내 염증과 비만을 촉진하는 세포를 자극할 수도 있다.

7) 아기가 엄마 뱃속에서 나올 때 분비되는 호르몬이 비만에 영향을 미치는 것일 수도

있다.

8) 아기가 비만해질 수 있다는 이유만으로 제왕절개 수술이 필요한 산모가 이를 받지 않는 것은 매우 위험하다.

**박덕은 박사의 건강 상식 · 74**

제왕절개 수술로 태어난 아기들은 비만이 될 확률이 높다.

# 02
# 뚱뚱한 여성이 아기를 낳으면

로버트 워터랜드 교수가 이끄는 미국 베일러대 의과대학 연구팀은 유전자 조작을 통해 과식하는 쥐들을 만든 뒤 두 그룹으로 나눠 조사했다. A그룹엔 정상적인 먹이만 주고, B그룹엔 '후생유전학(DNA 염기 서열의 변화 없이 유전자의 발현에 어떤 변화가 발생할 수 있는지, 그리고 이러한 변화가 어떻게 자손에게 전해지는지를 연구하는 학문)'적인 유전자의 발현 방식을 차단할 수 있는 특정 영양소가 섞인 먹이를 줬다. 이 특정 영양소(엽산, 비타민B12, 베타인, 콜린 등)들은 유전자의 발현을 억제하는 'DNA 메틸화'를 촉진시키는 물질들이다.

이 연구 결과는 연합 뉴스가 영국 〈데일리메일〉에 실린 내용을 인용해 2008년 7월 17일 보도했다.

1) 임신 전후의 과체중이나 비만은 그대로 자녀에게 전달될 뿐 아니라 유전적으로도 대물림될 수 있다.
2) A그룹은 3대에 걸쳐 계속 체중이 불어난 반면 B그룹은 대대로 몸무게에 변함이 없었다. 이는 과체중이 '후생유전학'적인 요인에 의해 대대로 전해진다는 사실을 확인해 주었고 특정 영양소를 섭취하면 이러한 과정이 차단될 수 있음을 알게 된 결과다.
3) 임신 전후에 과체중이나 비만인 여성은 이른바 '후생유전학적인 꼬리표'가 자녀의 체중을 조절하는 유전적 메커니즘을 변화시켜 자녀도 과체중이 될 수 있게 했다. 이러한 악순환은 대대로 이어져 갈수록 뚱뚱한 자손이 태어날 수 있는 가능성을 시사했다.

존 크랄 교수가 이끄는 미국 뉴욕 주립대학 연구팀은 체중 감량을 위해 위절제술(먹을 수 있는 음식량을 줄이고 음식이 작은창자를 우회하도록 해 섭취 열량을 줄이는 급격한 체중 감량법)을 받은 산모 49명이 수술을 받기 전과 받은 뒤 낳은 자녀 111명(2~25세)의 체중과 건강 상태를 조사한 결과를 발표했다. 이는 〈임상 내분비학 및 대사 저널(JCEM: Journal of Clinical Endocrinology & Metabolism)〉(2009년 9월호)에 실렸으며, 미국 과학 논문 소개 사이트 〈유레칼러트〉, 온라인 과학 뉴스 〈사이언스 데일리〉 등에 2009년 9월 1일 보도되었다.

1) 비만 여성은 대개 뚱뚱한 자녀를 낳지만 임신 중의 몸무게에 따라 자녀의 몸무게가 크게 달라지는 것으로 나타났다.
2) 자녀의 비만에는 유전적 요인보다 임신 중의 자궁 환경이 더 중요하다.
3) 같은 비만 엄마라도 위절제술을 받은 뒤 낳은 아기가 고도 비만이 될 가능성은 수술 전에 낳은 아이보다 1/3에 불과한 것으로 나타났다.
4) 위절제술을 받고 낳은 아기의 출생 때 몸무게와 허리둘레 수치는 수술 전에 낳았던 아기보다 낮았다.
5) 수술 뒤 태어난 아기들은 비만에 따른 인슐린 저항성, 콜레스테롤 수치도 낮아 수술 전에 태어난 아기보다 심혈관 또는 대사질환에 걸릴 위험이 낮았다.
6) 산모의 극적인 체중 감량이 아기의 비만 위험을 줄이고 신진대사를 향상시켰다.
7) 비만 여성은 임신 전에 체중을 줄여야 더 건강한 아기를 낳을 수 있다.
8) 엄마가 살을 빼면 아기가 '비만 가계력의 쳇바퀴'에서 벗어날 가능성이 있다.

존 크랄 교수가 이끄는 미국 뉴욕 주립대학 연구팀은 고도 비만이었던 캐나다 여성이 살을 빼지 않고 낳은 아기와 위절제술을 받은 뒤 태어난 아기를 조사했다. 이는 영국의 일간지 〈데일리메일〉이 2009년 10월 24일에 보도했다.

1) 위절제술을 받은 뒤 태어난 아기가 살을 빼지 않고 낳은 아기에 비해 비만의 위험이 줄어든 것으로 나타났다.
2) 위절제술을 받은 뒤 태어난 아기는 혈액 내 지방 수치도 정상이었다.
3) 뚱뚱한 여성이 낳은 아기는 나중에 똑같이 비만이 되지만 살을 빼고 아기를 낳으면 그렇지 않을 가능성이 높다.
4) 자녀를 '뚱보 집안의 쳇바퀴'에서 벗어나게 하려면 임신 전에 살을 빼야 한다.

5) 체중 감량 수술은 소화 기능을 억제하기 위한 목적으로 시행되며, 위절제술을 받으면 음식물이 위를 거치지 않고 소장으로 전달되기 때문에 인체가 음식을 덜 흡수하게 돼 결과적으로 살이 빠지게 된다.

6) 비만이나 과체중인 여성은 당뇨병이나 제왕절개, 사산의 위험이 높다.

7) 비만을 제외한 가족 내의 유전적인 요인은 체중 감량 수술을 한다고 해서 달라지지 않았다.

8) 유전적인 요인으로는 설명할 수 없는 무언가가 있는 것 같다.

9) 뚱뚱한 엄마의 자궁에서 태아를 뚱뚱하게 만드는 특별한 신호가 전달되는 것 같다.

10) 유전자에 따라 전해지는 신호 이외에 아직 밝혀지지 않은 어떤 신호가 전달되는 것 같다.

로버트 워터랜드 교수가 이끄는 미국 베일러대 의과대학 연구팀은 쥐를 이용한 실험에서 다음과 같은 연구 결과를 얻어냈다.

"임신한 어미쥐와 새끼쥐 사이에 전해지는 신호가 새끼쥐의 뇌 회로에 영향을 끼쳐 지방 저장 세포를 활성화시켰다."

**박덕은 박사의 건강 상식 · 75**
뚱뚱한 엄마는 뚱뚱한 아이를 낳을 확률이 높다.


내 몸에 꼭 맞는 다이어트
**제1권 비만 원인**

# 03
# 어린이 때 비만이면

　　대한비만학회가 서울에서 거주하는 학생들의 표본 체격 검사 자료를 바탕으로 1984년부터 2002년까지 비만도를 추적, 관찰한 연구 결과를 2005년 7월 28일 발표했다.

1) 남자 비만율은 1984년 9.0%에서 2002년 17.9%로 증가했고, 여자 비만율 또한 7.0%에서 10.9%로 증가했다.
2) 어린이 때 비만이면 성인 비만으로 이어질 확률이 80% 정도 된다.

　　대한소아과학회 보건위원회의 자료에는 다음과 같은 내용이 담겨 있다.

1) 비만이 심한 아이의 80% 정도가 나이와 상관없이 고지혈증(61%), 지방간(38%), 고혈압(7%), 당뇨병(0.3%) 등의 합병증을 갖고 있는 것으로 나타났다.
2) 이는 성인 비만의 합병증으로 알려졌던 것들인데 주로 콜레스테롤이나 지방질이 혈관에 많이 끼어 생기는 질병들이다.
3) 심한 비만의 경우 심장에 부담을 주고 호흡장애를 일으키는 원인이 되기도 하며, 신체 발육에도 영향을 미친다. 뿐만 아니라 비만한 아이는 정신적인 장애도 함께 갖고 있는 경우가 많다.

　　을지대 대학병원 소아과 강주형 교수의 한마디.

　　"일단 한번 만들어진 지방세포는 없어지지 않을 뿐 아니라 세포의 크기가 줄어드는 데도 한계가 있다. 어느 정도 이상의 다이어트

가 불가능할 수 있으며 살을 빼더라도 금방 요요 현상이 올 가능성
이 크기 때문에 성장기의 비만은 예방에 더 주의를 기울여야 한다."

내 몸에 꼭 맞는 다이어트

**박덕은 박사의 건강 상식 · 76**
어린이 때 비만이면 성인 비만이 될 확률이 높다.

# 04
# 지방세포의 수가 많아지면

체지방은 지방세포의 수와 크기에 의해서 결정된다.

지방세포의 수는 출생 전 마지막 석 달 동안, 생후 1년 이내, 사춘기의 급성장을 수반하는 13세 전후 시기에 가장 빠르게 증가한다.

지방세포의 크기는 생후 1년이 되었을 때는 성인 지방세포 크기의 약 1/4 정도이나, 그 크기는 6세까지 증가하며 7세부터는 정체 현상을 나타낸다.

성인이 되어 지방세포의 수가 모두 형성되면 지방세포의 크기는 에너지 섭취량에 따라 달라지게 된다. 일반적으로 지방량이 적은 사람은 지방세포의 수가 적고 비만인 사람은 지방세포의 수가 많은 것으로 보아 지방세포의 수가 비만의 정도를 결정하는 중요한 요인이라고 할 수 있다. 보통 정상인의 지방세포는 약 250~300억 개 사이이고, 중등도의 비만자는 600~1,000억 개 사이인 반면에, 고도 비만자는 3,000억 개 이상이다. 지방세포의 크기는 정상이나 그 수가 많아 체지방량이 늘어난 비만을 증식형 비만이라고 하며, 지방세포의 수는 정상이나 지방세포의 크기가 증가하는 성인 비만을 비례형 비만이라고 한다. 흔히 지방세포의 수와 크기가 복합적으로 증가하는 형태를 혼합형 비만이라고 하는데, 고도 비만의 경우 혼합형 비만이 많다.

**참조:** 건강보험심사평가원은 2005~2009년 사이에 국내 고지혈증 환자의 진료 기록을 분석한 결과를 2010년 3월 18일에 다음과 같이

발표했다.

1) 진료 받은 환자와 총 진료비는 연평균 약 20%씩 증가했고 진료 받은 환자는 2005년에는 455,000명에서 2009년에는 92만 명으로 2배 이상 늘어났다.

2) 고지혈증은 식습관, 비만, 음주, 운동 부족, 유전적인 영향 등이 원인이며, 혈액 안에 몸에 나쁜 저밀도(LDL) 콜레스테롤이나 중성지방이 너무 많은 상태를 말한다. 고지혈증으로 혈관 내 지방 침전물(플라크)이 쌓이면 혈관이 막히고 혈관 벽에 염증이 생기거나 두꺼워져 동맥경화, 협심증, 뇌중풍 등 각종 성인병을 일으킬 수 있다.

3) 2005~2010년 5년 사이에 혈액 내 지방이나 콜레스테롤이 많아지는 고지혈증 환자가 2배로 증가했다. 연령대에서 50대 고지혈증 환자가 3명 중 1명으로 가장 많았고, 20세 미만 청소년의 고지혈증 환자 연평균 증가율은 20~40대보다 더 높은 것으로 드러났으며, 여성 환자는 남성보다 약 1.4배 더 많았고, 연평균 증가율도 여성이 20.6%로 남성(17.9%)보다 더 높았다.

4) 서구화된 식단으로 인스턴트식품을 즐기고 운동량은 부족해져 고지혈증 환자가 많아지고 있다.

**박덕은 박사의 건강 상식 · 77**

비만에서 벗어나려면, 서구화된 식단을 피하고, 인스턴트식품을 멀리 하고, 운동량을 늘려야 한다.

# 05
# 의지적으로 식욕을 억제하지 않으면

진-잭 왕(Jean-Jack Wang) 박사가 이끄는 미국 국립 브룩헤이븐(Btookehaven) 연구소의 연구팀과 노라 볼코우(Volkow) 박사가 이끄는 국립 약해연구소(NIDA) 연구팀은 밤새 금식한 여성 13명, 남성 10명 앞에 참가자들이 좋아하는 음식을 놓아두고 배고픔을 억제하도록 한 후 스캔(Scan)을 통해 뇌 활동을 관찰했다. 음식 관련 욕구나 생각을 의지적으로 차단하는 것은 '인지 억제(cognitive inhibition)'라는 심리학 실험의 한 기법으로, 참가자들은 실험 전에 미리 '좋아하는 음식'으로 밝힌 피자, 시나몬 빵, 햄버거, 초콜릿 케이크 등을 앞에 두고 식욕을 억제했다.

이때 이들의 뇌 스캔 결과를 관찰했다. 이 연구 결과는 2008년 1월 20일 발행된 〈미 국립 과학원회보(Proceedings of the National Academy of Sciences)〉에 발표되었다.

1) 공복 상태에서 좋아하는 음식이 앞에 놓여 있을 때 남성보다 여성이 식욕을 억제하기 어려운 것으로 나타났다.

2) 남녀 모두 의지적으로 식욕을 억제했을 때 식욕을 관장하는 뇌 부분의 활동이 감소해 실제로 참가자들이 배고픔을 덜 느낀 것으로 나타났다. 그러나 여성에겐 남성과 달리 뇌 일부가 여전히 활성화되고 있는 것으로 관찰되었다.

3) 여성이 배고픔을 덜 느낀다고 얘기를 하고 있을 때에도 식욕을 관장하는 뇌 일부가 여전히 반응했다.

4) 남성과 여성의 뇌 활동이 확연한 차이를 보였다.

5) 식욕 억제에 성별 차이가 있다는 사실은 놀라웠다. 이는 성별에 따라 필요한 영양소

가 다르기 때문일 수 있다.

6) 전통적으로 여성이 자녀들에게 영양을 공급하는 역할을 해왔기 때문에 되도록 음식이 있을 때 먹어 두려는 욕구가 강한 것과 관련이 있을 수도 있다.

7) 좋아하는 음식이 앞에 있거나 감정적인 스트레스를 받을 때 여성이 남성보다 과식할 경향이 훨씬 높았다.

8) 여성호르몬과 식욕을 관장하는 뇌 활동의 관계를 좀더 연구해 볼 필요가 있다.

이에 대해 터프스(Tufts) 대학 앨리스 H. 리히텐슈타인 박사의 한 마디.

"이번 연구는 흥미로운 연구 결과다. 식욕에 관여하는 요소들에 대해 더 잘 이해할수록 비만 극복의 길이 빨리 열릴 것이다."

미 오리곤(Oregon) 연구소 에릭 스타이스(Stice) 박사도 한마디.

"성별에 따른 식욕 억제 차이는 에스트로겐 같은 성호르몬의 차이와 연관이 있는 것으로 보인다. 섭식장애에서도 이 같은 성별 차이가 나타난 바 있다."

**박덕은 박사의 건강 상식 · 78**
의지적으로 식욕을 억제하면 식욕을 관장하는 뇌 부분의 활동을 감소시킬 수 있다.

# 06
# 뇌의 보상 기능 중추의 반응이 둔하면

　　도나 스몰 교수가 이끄는 미국 예일 대학 연구팀은 과체중이나 비만인 사람이 밀크셰이크를 먹을 때 뇌의 보상 기능 중추에 어떤 반응이 일어나는지 조사했다. 연구팀은 기능성 자기공명영상(fMRI)을 이용하여 촬영하고 분석했다. 이 연구 결과는 '미국 신경정신약리회의(American College of Neuropsychopharmacology)'에서 2010년 12월 발표되었으며, 미국 건강 웹진 〈헬스데이〉에 2010년 12월 10일 보도되었다.

1) 몸이 뚱뚱한 사람이 밀크셰이크처럼 달콤하고 맛있는 음식을 과식하는 것은 뇌의 보상 기능 중추의 반응이 둔해져서 많이 먹어도 다른 사람보다 만족하지 못하기 때문이다.
2) 체질량 지수(BMI)가 높은 사람일수록 밀크셰이크를 먹을 때 보상 기능 중추의 반응이 둔하며 비만 유전자를 가진 성인일수록 반응이 더 뚜렷하게 둔감했다.
3) 뇌의 보상 기능 중추가 둔해짐으로써 몸무게가 늘었다고 말할 수는 없다.
4) 뇌의 반응 둔화는 뚱뚱한 사람이 왜 과식하는가를 설명하는 한 가지 원인 요소일 뿐이다.
5) 특히 감각적인 쾌락을 주는 음식에 탐닉하다 보면 뇌의 보상 기능 체계가 바뀌게 될 수도 있다.

　　미국 플로리다 주 스크립스 연구소에서 진행된 폴 케니 박사팀도 다음과 같은 쥐 실험 결과를 발표한 바 있다.
　　"뚱뚱한 쥐일수록 맛있는 먹이를 눈앞에 두면 뇌의 보상 기능 중추의 반응이 둔해졌다."

뇌의 보상 기능 중추가 둔해지면 몸무게가 는다.

# 07
# 식욕을 조절하는 단백질 신호가 뇌에 전달되지 않으면

미국 제퍼슨대 의과대학 J.칼로 박사는 1995년 6월 3일 워싱턴에서 가진 기자 회견을 통해 다음과 같이 말했다.

1) 1994년 식욕과 에너지 대사를 관장하는 '비만 유전자'가 쥐와 인체에서 발견된 뒤, 병적인 비만은 이 유전자의 이상이 원인이라는 견해가 나왔으나, 이번 연구를 통해 그렇지 않은 것으로 나타났다.

2) 병적인 비만증은 식욕과 에너지 대사를 조절하는 단백질 신호가 뇌에 정확히 전달되지 않는 것이 주된 원인이었다.

3) 비만증을 보이는 사람과 정상인 100명의 비만 유전자를 자세히 분석한 결과 쥐의 경우에는 비만 유전자에 이상이 있었지만 비만증을 보이는 사람의 유전자는 정상이었다.

4) 비만증 환자의 경우 비만 유전자가 만들어 내는 단백질량이 정상 체중의 사람들보다 약 2배에 달했다.

5) 이 단백질이 체내 지방조직의 증감에 따라 변화하면서 뇌의 시상하부(視床下部)에 전달돼 식욕과 에너지 대사를 조절했다.

**박덕은 박사의 건강 상식 · 80**

식욕과 에너지 대사를 조절하는 단백질 신호가 뇌에 정확히 전달되지 않으면 비만이 되기 쉽다.

저자 프로필

# 박덕은 (예명; 박한실. 닉네임; 헤르소)

전남 화순 출생

前 전남대학교 인문과학대학 교수인 朴德垠씨는 [중앙일보] 신춘문예 문학평론 당선, [전남일보](現 광주일보) 신춘문예 동화 당선, [창조문학신문] 신춘문예 시 당선을 비롯하여 전 장르(시, 소설, 동화, 동시, 시조, 수필, 희곡, 문학평론, 아동문학평론, 단편소설, 장편소설, 소년소설)에 걸쳐 등단과 수상을 기록한 문학박사이다.

해학, 위트, 유머, 재치가 넘치는 그의 삶은 열정과 신념으로 가다듬은 122권의 저서에서 다채로운 향기를 풍기고 있다. 그리고 그 향기에 취한 '시를 사랑하는 사람들'과 함께 늘 시심을 가다듬기에 여념이 없다. 시를 쓰며 문학을 사랑하며 자신의 택한 길을 올곧게 달려가고 있는 그는 현재 서울을 비롯하여 광주, 나주, 순창, 담양을 시향의 고을로 만들기 위해 오늘도 정성과 최선을 다하고 있다.

건강학 저서로는 〈비타민과 미네랄 & 떠오르는 영양소〉, 〈내 몸에 꼭 맞는 영양가이드〉, 〈내 몸에 꼭 맞는 다이어트 제1권 비만 원인〉, 〈내 몸에 꼭 맞는 다이어트 제2권 비만 탈출〉 등을 펴낸 바 있다.

〈박덕은 프로필〉

* 시인
* 소설가
* 문학 평론가
* 희곡작가
* 동화작가
* 사진작가(270점 전시회 발표)

* 전남대학교 문학석사
* 전북대학교 문학박사
* 前 전남대학교 교수
* 前 전남대학교 국어국문학과장
* 한실문예창작 지도 교수
* 논술구술연구소 소장
* 문예창작연구소 소장
* 한국시연구회 이사
* 한국아동문학 동화분과위원장

* 한실문예창작 지도교수
* 향그런 문학회 지도 교수
* 부드런 문학회 지도 교수
* 둥그런 문학회 지도 교수
* 싱그런 문학회 지도 교수
* 포시런 문학회 지도 교수
* 멋스런 문학회 지도 교수
* 성스런 문학회 지도 교수
* 탐스런 문학회 지도 교수
* 바로 문학회 지도 교수

* [중앙일보] 신춘문예 문학평론 당선
* [전남일보](現: 광주일보) 신춘문예 동화 당선
* [창조문학신문] 신춘문예 시 당선
* [시문학] 시 추천 완료

* [문학공간] 소설 추천신인상
* [문학세계] 희곡 신인문학상
* [아동문예] 소년소설 신인문학상
* [문예사조] 수필 신인문학상
* [시와 시인] 시조 청학신인상
* [아동문학평론] 동시 신인문학상
* [아동문학] 동시 신인문학상
* [문학공간] 본상(장편소설) 수상
* 계몽사 아동문학상 수상(제11회)
* 한국 아동 문화상 수상
* 한국 아동 문예상 수상
* 아동문예작가상 수상(제10회)
* 광주 문학상 수상(제1회)
* 전라남도 문화상 수상(제35회)
* 하운 문학상 수상(제1회)

〈박덕은 문학 이론서 발간 현황〉

제1문학이론서 〈현대시창작법〉
제2문학이론서 〈현대 소설의 이론〉
제3문학이론서 〈문학연구방법론〉
제4문학이론서 〈소설의 이론〉
제5문학이론서 〈현대문학비평의 이론과 응용〉
제6문학이론서 〈문체론〉
제7문학이론서 〈문체의 이론과 한국현대소설〉
제8문학이론서 〈한국현대소설의 이론과 적용〉
제9문학이론서 〈시의 이론과 창작〉
제10문학이론서 〈해금작가작품론〉
제11문학이론서 〈디코럼 언어영역〉
제12문학이론서 〈논술 고사 정복〉
제13문학이론서 〈심층면접 구술 고사 정복〉
제14문학이론서 〈둥글파 언어영역〉
제15문학이론서 〈논술교실〉
제16문학이론서 〈꿈샘 논술〉

<박덕은 시집 발간 현황>

제1시집 〈바람은 시간을 털어낸다〉

제2시집 〈거시기〉

제3시집 〈무지개 학교〉

제4시집 〈케노시스〉

제5시집 〈길트기〉

제6시집 〈간힘의 비밀〉

제7시집 〈소낙비 오는 정오에〉

제8시집 〈자유人.사랑人〉

제9시집 〈나찾기〉

제10시집 〈지푸라기〉

제11시집 〈동심이 흐르는 강〉

제12시집 〈자그만 숲의 사랑 이야기〉

제13시집 〈사랑한다는 것은〉

제14시집 〈느낌표가 머무는 공간〉

제15시집 〈그대에게 소중한 사랑이 되어.1〉

제16시집 〈그대에게 소중한 사랑이 되어.2〉

제17시집 〈둥지 높은 그리움〉

제18시집 〈곶감 말리기〉

제19시집 〈사랑의 블랙홀〉

제20시집 〈나는 그대에게 늘 설레임이고 싶다〉

제21시집 〈내 가슴이 사고 쳤나 봐〉

제22시집 〈당신〉

<박덕은 소설집 발간 현황>

제1소설집 〈죽음의 키스〉

제2소설집 〈양귀비의 고백〉(풍류여인열전.1)

제3소설집 〈황진이의 고독〉(풍류여인열전.2)

제4소설집 〈일타홍의 계절〉(풍류여인열전.3)

제5소설집 〈이매창의 사랑일기〉(풍류여인열전.4)

제6소설집 〈서울아라비아나이트〉

제7소설집 〈금지된 선택〉

<박덕은 번역서 발간 현황>

제1번역서 〈소설의 이론〉

제2번역서 〈철학의 향기〉

제3번역서 〈사랑하는 사람 가슴에 싶어주고픈 말〉

제4번역서 〈철학자의 터진 옷소매〉

제5번역서 〈세계 반란사〉

제6번역서 〈한국 반란사〉

<박덕은 아동문학서 발간 현황>

제1아동문학서 〈살아있는 그림〉

제2아동문학서 〈3001년〉

제3아동문학서 〈무지개학교〉

제4아동문학서 〈동심이 흐르는 강〉

제5아동문학서 〈곶감 말리기〉

제6아동문학서 〈서울 걸리버 여행기〉 261

제7아동문학서 〈돼지의 일기〉

제8아동문학서 〈해외 신화〉

제9아동문학서 〈마녀 헤르소의 모험〉(1권)

제10아동문학서 〈마녀 헤르소의 모험〉(2권)

<박덕은 교양서 발간 현황>

제1교양서 〈해학의 강〉

제2교양서 〈바보 성자〉

제3교양서 〈미네르바의 부엉이는 황혼녘에 날은다〉

제4교양서 〈멋진 여자, 멋진 남자〉

제5교양서 〈우화 천국〉

제6교양서 〈나만 불행한 게 아니로군요〉

제7교양서 〈나만 행복한 게 아니로군요〉

제8교양서 〈나만 어리석은 게 아니로군요〉

제9교양서 〈행복한 바보 성자〉

제10교양서 〈느낌이 있는 꽃〉

제11교양서 〈흔들림이 있는 나무〉

〈박덕은 건강서 발간 현황〉



이상 총 저서 122권 발간